家政服务员

（第2版）

四 级

编审委员会

U0319308

主　　任　　仇朝东

委　　员　　葛恒双　顾卫东　宋志宏　杨武星　孙兴旺

　　　　　　刘汉成　葛　玮

执行委员　　孙兴旺　张鸿樑　李　晔　瞿伟洁

中国劳动社会保障出版社

图书在版编目（CIP）数据

家政服务员：四级/人力资源和社会保障部教材办公室等组织编写. —2 版. —北京：中国劳动社会保障出版社，2014

（1＋X 职业技能鉴定考核指导手册）

ISBN 978-7-5167-1303-7

Ⅰ.①家…　Ⅱ.①人…　Ⅲ.①家政服务-职业技能-鉴定-自学参考资料　Ⅳ.①TS976.7

中国版本图书馆 CIP 数据核字（2014）第 162628 号

中国劳动社会保障出版社出版发行

（北京市惠新东街 1 号　邮政编码：100029）

*

三河市华骏印务包装有限公司印刷装订　新华书店经销

787 毫米×960 毫米　16 开本　8 印张　127 千字

2014 年 7 月第 2 版　　2016 年 8 月第 2 次印刷

定价：19.00 元

读者服务部电话：(010) 64929211/64921644/84626437

营销部电话：(010) 64961894

出版社网址：http://www.class.com.cn

改版说明

  1+X职业技能鉴定考核指导手册《家政服务员（四级）》自2009年出版以来深受从业人员的欢迎，在家政服务员（四级）职业资格鉴定、职业技能培训和岗位培训中发挥了很大的作用。

  随着我国科技进步、产业结构调整、市场经济的不断发展，新的国家和行业标准的相继颁布和实施，对家政服务员（四级）的职业技能提出了新的要求。2012年上海市职业技能鉴定中心组织有关方面的专家和技术人员，对家政服务员（四级）的鉴定考核题库进行了提升，计划于2014年公布使用，并按照新的家政服务员（四级）职业技能鉴定考核题库对指导手册进行了改版，以便更好地为参加培训鉴定的学员和广大从业人员服务。

前　言

职业资格证书制度的推行，对广大劳动者系统地学习相关职业的知识和技能，提高就业能力、工作能力和职业转换能力有着重要的作用和意义，也为企业合理用工以及劳动者自主择业提供了依据。

随着我国科技进步、产业结构调整以及市场经济的不断发展，特别是加入世界贸易组织以后，各种新兴职业不断涌现，传统职业的知识和技术也愈来愈多地融进当代新知识、新技术、新工艺的内容。为适应新形势的发展，优化劳动力素质，上海市人力资源和社会保障局在提升职业标准、完善技能鉴定方面做了积极的探索和尝试，推出了1＋X培训鉴定模式。1＋X中的1代表国家职业标准，X是为适应经济发展的需要，对职业的部分知识和技能要求进行的扩充和更新。

上海市1＋X的培训鉴定模式，得到了国家人力资源和社会保障部的肯定。为配合1＋X培训与鉴定考核的需要，使广大职业培训鉴定领域专家以及参加职业培训鉴定的考生对考核内容和具体考核要求有一个全面的了解，人力资源和社会保障部教材办公室、中国就业培训技术指导中心上海分中心、上海市职业技能鉴定中心联合组织有关方面的专家、技术人员共同编写了《1＋X职业技能鉴定考核指导手册》。该手册由"理论知识复习题""操作技能复习题"和"理论知识模拟试卷及操作技能模拟试卷"三大块内容组成，书中介绍了题库的命题依据、试卷结构和题型题量，同时从上海市1+X鉴定题库中抽取部分理论知识题、操作技能试题和模拟样卷供考生参考和练习，便于考生能够有针对性地进行考前复习准备。今后我们会随着国家职业标准以及鉴定题库的提升，逐步对手册内容进行补充和完善。

本系列手册在编写过程中，得到了有关专家和技术人员的大力支持，在此一并表示感谢。

由于时间仓促，缺乏经验，如有不足之处，恳请各使用单位和个人提出宝贵意见和建议。

1+X职业技能鉴定考核指导手册

编审委员会

目 录

CONTENTS　　1+X职业技能鉴定考核指导手册

家政服务员职业简介

一、职业名称

家政服务员。

二、职业定义

为所服务的家庭操持家务，照顾儿童、老人、病人，根据要求管理家庭的有关事务的人员。

三、主要工作内容

能够正确使用家用电器；能够购买日常生活用品、食品；能够管理一般家庭的日常生活费用开支；掌握不同材料纺织品的洗涤、熨烫、保管方法；能够制作家庭日常饭菜和便宴；能够照护幼儿、老人、病人的日常生活；能够教育儿童初步识数、识字及唱简单儿歌；能够护理一般病人并对传染病病毒进行消毒与隔离；能够进行简单居室的日常整洁与布置；协助家庭安排日常生活与一般社会活动。

第1部分

家政服务员（四级）鉴定方案

一、鉴定方式

家政服务员（四级）的鉴定方式分为理论知识考试和操作技能考核。理论知识考试采用闭卷计算机机考方式，操作技能考核采用现场实际操作方式。理论知识考试和操作技能考核均实行百分制，成绩皆达 60 分及以上者为合格。理论知识考试或操作技能考核不及格者可按规定分别补考。

二、理论知识考试方案（考试时间 90 min）

题库参数 题型	考试方式	鉴定题量	分值（分/题）	配分（分）
判断题	闭卷机考	60	0.5	30
单项选择题		140	0.5	70
小　计	—	200	—	100

三、操作技能考核方案

考 核 项 目 表

职业（工种）	家政服务员		等级		四　级		
职业代码	一						
序号	项目名称	单元编号	单元内容	考核方式	选考方法	考核时间（min）	配分（分）
1	烹饪	1	刀工	操作	必考	10	10
		2	烹饪	操作		40	30
2	服装熨烫	1	熨烫西裤	操作	必考	20	10
		2	熨烫衬衫	操作		20	10
3	家庭常见花木养护	1	家庭常见花木的识别	操作	抽一	20	15
		2	家庭常见花木的分类和摆放	操作			
		3	家庭常见花木的叶面保洁	操作			
4	家庭保健	1	血压测量	操作	抽一	8	15
		2	心跳、呼吸骤停的初步急救	操作			
5	常用英语会话	1	自我介绍	口试	抽一	5	10
		2	询问饮食	口试			
		3	打电话	口试			
		4	日常会话	口试			
合　计						123	100
备注							

第2部分

鉴定要素细目表

职业/模块名称				家政服务员	等级	四级
职业代码				—		
序号	鉴定点代码			鉴定点内容		备注
	章	节	目	点		
	1				家政服务员的职业素养	
	1	1			道德素养	
	1	1	1		道德基本素养	
1	1	1	1	1	家政服务员职业的基本道德素养	
	1	2			综合素养	
	1	2	1		综合技能素养	
2	1	2	1	1	家政服务员职业基本素养	
3	1	2	1	2	四级家政服务员技能素养	
4	1	2	1	3	家政服务员的职业规范	
5	1	2	1	4	家政服务员的服务规范	
	1	3			法律常识	
	1	3	1		民法常识	
6	1	3	1	1	民事权利的概念	
7	1	3	1	2	民事权利的分类	
8	1	3	1	3	民事权利的行使	
9	1	3	1	4	法律责任	
	1	3	2		妇女权益保障法	

续表

序号	职业/模块名称				家政服务员	等级	四级
	职业代码				—		
序号	鉴定点代码				鉴定点内容	备注	
	章	节	目	点			
10	1	3	2	1	妇女权益的特殊保护		
11	1	3	2	2	妇女权益的保障与实现		
	2				衣物洗烫		
	2	1			丝、毛织物的洗涤		
	2	1	1		丝绸织品的洗涤		
12	2	1	1	1	丝绸织品的洗涤温度		
13	2	1	1	2	丝绸织品的洗涤		
14	2	1	1	3	丝绸织品的晾晒		
15	2	1	1	4	丝绒衣服和窗帘的洗涤		
	2	1	2		羊毛织品的洗涤		
16	2	1	2	1	羊毛织品的洗涤温度		
17	2	1	2	2	羊毛织品的洗涤		
18	2	1	2	3	羊毛织品的晾晒		
	2	1	3		羽绒服装的洗涤		
19	2	1	3	1	羽绒服装的洗涤温度		
20	2	1	3	2	羽绒服装的洗涤步骤		
21	2	1	3	3	羽绒服装的晾晒		
	2	1	4		污渍的去除		
22	2	1	4	1	污渍的分类		
23	2	1	4	2	动植物油渍的去除		
24	2	1	4	3	咖喱油渍的去除		
25	2	1	4	4	蜡烛油渍的去除		
26	2	1	4	5	墨水渍的去除		
27	2	1	4	6	高锰酸钾渍的去除		
28	2	1	4	7	酱油渍的去除		
29	2	1	4	8	茶水渍的去除		

续表

职业/模块名称					家政服务员	等级	四级
职业代码					—		
序号	鉴定点代码				鉴定点内容		备注
	章	节	目	点			
30	2	1	4	9	血渍的去除		
31	2	1	4	10	其他污渍的去除		
	2	1	5		收藏与保管		
32	2	1	5	1	羊毛织品的收藏		
33	2	1	5	2	羊毛织品的防霉防蛀		
	2	2			家庭干洗常识		
	2	2	1		手工干洗		
34	2	2	2	1	手工干洗的操作要领		
	2	2	2		丝、毛织物的手工干洗		
35	2	2	2	1	真丝衬衫的干洗		
36	2	2	2	2	羊毛衫的干洗		
37	2	2	2	3	毛料衣服的干洗		
	2	2	3		皮革服装的手工干洗		
38	2	2	3	1	皮革服装的手工干洗		
	2	3			衣服熨烫		
	2	3	1		熨烫的基本要素		
39	2	3	1	1	温度		
40	2	3	1	2	水分		
41	2	3	1	3	压力		
42	2	3	1	4	冷却		
	2	3	2		熨烫温度的参考数据		
43	2	3	2	1	棉织品		
44	2	3	2	2	麻织品		
45	2	3	2	3	羊毛织品		
46	2	3	2	4	桑蚕丝织品		
47	2	3	2	5	柞蚕丝织品		

职业/模块名称				家政服务员	等级	四级
职业代码				—		

序号	鉴定点代码				鉴定点内容	备注
	章	节	目	点		
48	2	3	2	6	涤纶	
49	2	3	2	7	锦纶	
	2	3	3		家庭熨烫设备	
50	2	3	3	1	熨斗	
51	2	3	3	2	熨案	
52	2	3	3	3	棉馒头和棉枕头	
	2	3	4		熨烫工艺	
53	2	3	4	1	男衬衫	
54	2	3	4	2	男西裤	
	2	3	5		熨烫整形	
55	2	3	5	1	羊毛、羊绒织品的熨烫整形	
56	2	3	5	2	羊毛织品缩水、发硬的补救技术	
	3				烹饪技能	
	3	1			烹饪原料的初步加工	
	3	1	1		水产品的初步加工	
57	3	1	1	1	初步加工的要求	
58	3	1	1	2	鱼类的初步加工	
59	3	1	1	3	虾类的初步加工	
60	3	1	1	4	贝类的初步加工	
	3	1	2		家禽的初步加工	
61	3	1	2	1	初步加工的要求	
62	3	1	2	2	初步加工的主要步骤	
63	3	1	2	3	禽类内脏的洗涤加工	
64	3	1	2	4	鸽子的初步加工	
	3	1	3		家畜内脏及四肢的初步加工	
65	3	1	3	1	家畜内脏及四肢的初步加工要求	

续表

序号	鉴定点代码				鉴定点内容	备注
	职业/模块名称		家政服务员		等级	四级
	职业代码		一			
序号	章	节	目	点	鉴定点内容	备注
66	3	1	3	2	家畜内脏及四肢的初步加工方法	
67	3	1	3	3	猪肚、猪肠的初步加工步骤	
	3	1	4		干制原料涨发	
68	3	1	4	1	干料涨发的意义	
69	3	1	4	2	干料涨发的方法	
70	3	1	4	3	香菇的涨发方法	
71	3	1	4	4	蹄筋的涨发方法	
72	3	1	4	5	海参的涨发方法	
73	3	1	4	6	干贝的涨发方法	
74	3	1	4	7	海蜇的涨发方法	
	3	2			膳食平衡与烹饪常识	
	3	2	1		人体必需的营养素	
75	3	2	1	1	营养素的概念	
76	3	2	1	2	营养素的分类	
77	3	2	1	3	营养素的功能	
78	3	2	1	4	蛋白质的主要功能	
79	3	2	1	5	脂肪的主要功能	
80	3	2	1	6	糖的主要功能	
81	3	2	1	7	维生素的主要功能	
82	3	2	1	8	维生素C的主要作用	
83	3	2	1	9	盐的主要功能	
	3	2	2		食物中毒及其预防	
84	3	2	2	1	食物中毒的概念	
85	3	2	2	2	食物中毒的分类	
86	3	2	2	3	细菌性食物中毒的主要发生时间	
87	3	2	2	4	黄曲霉毒素中毒的原因	

续表

职业/模块名称					家政服务员	等级	四级
职业代码					—		
序号	鉴定点代码				鉴定点内容	备注	
	章	节	目	点			
88	3	2	2	5	预防食物中毒的原则		
	3	2	3		合理烹饪与科学配菜		
89	3	2	3	1	合理烹饪的概念		
90	3	2	3	2	食物中营养素损失的原因		
91	3	2	3	3	加热损失		
92	3	2	3	4	氧化损失		
93	3	2	3	5	烹调时减少营养素损失的措施		
94	3	2	3	6	掌握火候		
	3	4			菜肴制作		
	3	4	1		初步熟处理		
95	3	4	1	1	焯水		
96	3	4	1	2	过油		
	3	4	2		糊、浆及芡汁的调制技术		
97	3	4	2	1	上浆挂糊的作用		
98	3	4	2	2	蛋清浆调制的方法		
99	3	4	2	3	水粉浆调制的方法		
100	3	4	2	4	水粉糊调制的方法		
101	3	4	2	5	发粉糊调制的方法		
102	3	4	2	6	拍粉拖蛋糊调制的方法		
103	3	4	2	7	勾芡的作用		
104	3	4	2	8	勾芡的注意事项		
105	3	4	2	9	芡汁的种类		
	3	4	3		冷菜的制作方法		
106	3	4	3	1	卤的制作方法		
107	3	4	3	2	白煮的制作方法		
108	3	4	3	3	腌的制作方法		

续表

序号	\(\begin{array}{c}\text{职业/模块名称}\end{array}\)					

	职业/模块名称			家政服务员	等级	四级
	职业代码			—		
序号	鉴定点代码				鉴定点内容	备注
	章	节	目	点		
	4				产妇与新生儿护理	
	4	1			产褥期产妇特点与护理	
	4	1	1		产褥期产妇的生理现象与常见症状	
109	4	1	1	1	产褥期产妇的生理现象	
110	4	1	1	2	产褥期产妇常见的伤口和乳房不适	
111	4	1	1	3	产褥期常见的盗汗、脱发和便秘等不适	
	4	1	2		产妇护理	
112	4	1	2	1	休养环境的安排	
113	4	1	2	2	母乳喂养的基本知识	
114	4	1	2	3	哺乳前后的乳房护理	
115	4	1	2	4	产妇的个人卫生	
116	4	1	2	5	产后饮食要点	
117	4	1	2	6	哺乳期乳母的饮食要点	
	4	2			新生儿的护理	
	4	2	1		新生儿的生理特点	
118	4	2	1	1	新生儿的生理特点	
	4	2	2		新生儿护理	
119	4	2	2	1	室内环境要求	
120	4	2	2	2	衣服、尿布、被褥的选择	
121	4	2	2	3	新生儿脸部、脐部和臀部的护理	
122	4	2	2	4	新生儿常见症状护理	
	5				婴幼儿照料	
	5	1			周岁内婴儿	
	5	1	1		照料周岁内婴儿	
123	5	1	1	1	3个月以内婴儿的饮食照料	
124	5	1	1	2	3个月以内婴儿的生活照料	

续表

序号	职业/模块名称				家政服务员	等级	四级
	职业代码				一		
序号	鉴定点代码				鉴定点内容	备注	
	章	节	目	点			
125	5	1	1	3	4~6 个月婴儿的生活照料		
126	5	1	1	4	7~12 个月婴儿的生活照料		
127	5	1	1	5	4~12 个月婴儿的饮食照料		
128	5	1	1	6	周岁以内婴儿常见症状护理		
	5	2			照料幼儿		
	5	2	1		照料 1~3 岁幼儿的日常起居		
129	5	2	1	1	1~3 岁幼儿的饮食安排		
130	5	2	1	2	1~3 岁幼儿的生理特点		
131	5	2	1	3	1~3 岁幼儿的游戏选择		
	5	2	2		照料 4~6 岁幼儿的日常起居		
132	5	2	2	1	4~6 岁幼儿的饮食照料		
133	5	2	2	2	4~6 岁幼儿的生活照料		
134	5	2	2	3	4~6 岁幼儿的游戏选择		
135	5	2	2	4	婴幼儿预防接种		
	5	2	3		婴幼儿日常护理		
136	5	2	3	1	帮助婴幼儿滴眼药和耳药		
137	5	2	3	2	帮助婴幼儿服药		
138	5	2	3	3	帮助婴幼儿测体温		
	5	2	4		婴幼儿常见疾病的护理		
139	5	2	4	1	佝偻病的预防和护理		
140	5	2	4	2	小儿感冒的预防和护理		
141	5	2	4	3	小儿肺炎的预防和护理		
	5	2	5		婴幼儿常见传染病的护理		
142	5	2	5	1	水痘的预防和护理		
143	5	2	5	2	流行性腮腺炎的预防和护理		
144	5	2	5	3	麻疹的预防和护理		

续表

职业/模块名称				家政服务员	等级	四级
职业代码				—		
序号	鉴定点代码				鉴定点内容	备注
	章	节	目	点		
	6				家庭护理	
	6	1			常见症状护理	
	6	1	1		常见症状护理要点	
145	6	1	1	1	高热病人的护理要点	
146	6	1	1	2	头痛病人的护理要点	
147	6	1	1	3	咳嗽咳痰的护理要点	
148	6	1	1	4	恶心呕吐的护理要点	
149	6	1	1	5	腹痛的护理要点	
150	6	1	1	6	腹泻的护理要点	
	6	2			常见病护理	
	6	2	1		常见病护理要点	
151	6	2	1	1	上呼吸道感染的护理要点	
152	6	2	1	2	慢性支气管炎的主要表现和护理要点	
153	6	2	1	3	肺炎球菌肺炎的主要表现和护理要点	
154	6	2	1	4	消化性溃疡的护理要点	
155	6	2	1	5	高血压病的护理要点	
156	6	2	1	6	冠心病的护理要点	
157	6	2	1	7	糖尿病的主要表现和护理要点	
158	6	2	1	8	老年性痴呆的主要表现和护理要点	
159	6	2	1	9	脑血管意外的护理要点	
160	6	2	1	10	恶性肿瘤病人的饮食照料	
	6	3			家庭应急护理	
	6	3	1		家庭常见急症应急护理	
161	6	3	1	1	眼外伤的应急护理	
162	6	3	1	2	鼻出血的应急护理	
163	6	3	1	3	气道异物的应急护理	

续表

序号	\	\	\	\	鉴定点内容	备注
	职业/模块名称				家政服务员	等级	四级
	职业代码				—		
	鉴定点代码					
	章	节	目	点	鉴定点内容	备注
164	6	3	1	4	烧伤的应急处理	
165	6	3	1	5	骨折的应急处理	
166	6	3	1	6	煤气中毒的应急处理	
167	6	3	1	7	心脏骤停的就地急救	
	6	4			康复训练	
	6	4	1		康复训练常识	
168	6	4	1	1	全身性康复护理	
169	6	4	1	2	预防关节挛缩、僵直、变形及功能障碍训练	
170	6	4	1	3	上肢及手功能的训练	
171	6	4	1	4	手脑并用作业及语言训练	
	7				家庭卫生防疫常识	
	7	1			常用消毒方法	
	7	1	1		家庭常用消毒方法	
172	7	1	1	1	空气消毒	
173	7	1	1	2	食具的煮沸消毒	
174	7	1	1	3	食具的浸泡消毒及其他消毒方法	
175	7	1	1	4	衣物被褥消毒	
176	7	1	1	5	便器及排泄物消毒	
	7	2			传染病防护常识	
	7	2	1		常见传染病防护常识	
177	7	2	1	1	病毒性肝炎的预防和护理	
178	7	2	1	2	肺结核的预防和护理	
179	7	2	1	3	细菌性痢疾的预防和护理	
	8				常见花木养护常识	
	8	1			家庭常见花木养护常识	
	8	1	1		适宜阳台上生长的花木及其养护	

续表

序号	章	节	目	点	鉴定点内容	备注
180	8	1	1	1	阳台的环境条件和花木的选择	
	8	1	2		阳台花木的养护管理	
181	8	1	2	1	浇水	
182	8	1	2	2	培养土的配置	
183	8	1	2	3	施肥	
184	8	1	2	4	病虫害防治	
	8	1	3		阳台盆栽植物的栽培	
185	8	1	3	1	君子兰的栽培	
186	8	1	3	2	文竹的栽培	
187	8	1	3	3	杜鹃花的栽培	
	8	2			室内生长的花木及其养护	
	8	2	1		适宜室内生长的花木及其养护	
188	8	2	1	1	适宜室内栽种的植物	
189	8	2	1	2	室内植物对温度和阳光的要求	
190	8	2	1	3	室内植物的养护	
	8	2	2		室内植物的栽培	
191	8	2	2	1	仙人球的栽培	
192	8	2	2	2	仙客来的栽培	
193	8	2	2	3	水仙花的栽培	
	8	3			庭院生长的花木及其养护	
	8	3	1		适宜庭院生长的花木及其养护	
194	8	3	1	1	适宜庭院栽种的植物	
	8	3	2		庭院植物的养护	
195	8	3	2	1	阳光	
196	8	3	2	2	水	
197	8	3	2	3	肥料	

职业/模块名称 家政服务员　等级 四级　职业代码 —

职业/模块名称				家政服务员	等级	四级
职业代码				—		
序号	鉴定点代码				鉴定点内容	备注
	章	节	目	点		
	8	3	3		庭院植物的栽培	
198	8	3	3	1	石榴的栽培	
199	8	3	3	2	蜡梅的栽培	
	9				家庭常见宠物饲养知识	
	9	1			猫	
	9	1	1		养猫常识	
200	9	1	1	1	猫的品种	
201	9	1	1	2	猫的习性	
	9	1	2		猫的喂养常识	
202	9	1	2	1	养猫用具	
203	9	1	2	2	猫的饲料	
204	9	1	2	3	猫的调教管理	
	9	1	3		猫的异常行为与疾病	
205	9	1	3	1	异常摄食行为	
206	9	1	3	2	异常排粪、排尿行为	
207	9	1	3	3	异常攻击行为	
208	9	1	3	4	异常母性行为	
209	9	1	3	5	猫的疾病	
	9	2			狗	
	9	2	1		养狗常识	
210	9	2	1	1	狗的品种	
211	9	2	1	2	狗的习性	
212	9	2	2		狗的喂养	
213	9	2	2	1	养狗用具	
214	9	2	2	2	狗的喂养	
	9	2	2	3	狗的调教	

续表

序号	鉴定点代码				鉴定点内容	备注
职业/模块名称			家政服务员		等级	四级
职业代码			—			
	章	节	目	点		
	9	2	3		狗的异常行为和疾病	
215	9	2	3	1	自发性攻击行为	
216	9	2	3	2	狂躁行为	
217	9	2	3	3	撒娇和异常吃食行为	
218	9	2	3	4	狗的疾病	
	9	3			鱼	
	9	3	1		常见观赏鱼的家庭养护	
219	9	3	1	1	常见观赏鱼的品种	
220	9	3	1	2	自来水除氯方法	
221	9	3	1	3	喂食	
222	9	3	1	4	鱼缸清洁	
223	9	3	1	5	家养观赏鱼病防治	
	9	4			鸟	
	9	4	1		家庭观赏鸟的喂养常识	
224	9	4	1	1	笼养观赏鸟的品种和习性	
225	9	4	1	2	鸟笼和器皿	
226	9	4	1	3	喂养	
227	9	4	1	4	笼养宠物鸟的疾病防治	
	10				传统习俗与禁忌	
	10	1			宗教信仰与生活习俗	
	10	1	1		不同宗教的生活习俗	
228	10	1	1	1	基督教的生活习俗	
229	10	1	1	2	佛教的生活习俗	
230	10	1	1	3	伊斯兰教的生活习俗	
	10	2			世界三大宗教的基本礼仪与禁忌	
	10	2	1		基督教	

职业/模块名称				家政服务员	等级	四级
职业代码				一		
序号	鉴定点代码				鉴定点内容	备注
	章	节	目	点		
231	10	2	1	1	基督教的基本信仰	
232	10	2	1	2	基督教的基本礼仪	
233	10	2	1	3	基督教的主要节日	
234	10	2	1	4	禁忌	
	10	2	2		佛教	
235	10	2	2	1	佛教的基本信仰	
236	10	2	2	2	佛教的主要节日	
237	10	2	2	3	禁忌	
	10	2	3		伊斯兰教	
238	10	2	3	1	伊斯兰教的基本信仰	
239	10	2	3	2	伊斯兰教的基本礼仪	
240	10	2	3	3	伊斯兰教的主要节日	
241	10	2	3	4	禁忌	
	10	3			我国主要传统节日	
	10	3	1		我国主要传统节日习俗	
242	10	3	1	1	春节	
243	10	3	1	2	元宵节	
244	10	3	1	3	清明节	
245	10	3	1	4	端午节	
246	10	3	1	5	中秋节	
247	10	3	1	6	重阳节	
	10	4			日常交际礼仪及行为禁忌	
	10	4	1		家政服务员日常交际礼仪及行为禁忌	
248	10	4	1	1	与基督教徒交往的基本礼仪与禁忌	
249	10	4	1	2	与佛教徒交往的基本礼仪与禁忌	
250	10	4	1	3	与伊斯兰教徒交往的基本礼仪与禁忌	

第 3 部分

理论知识复习题

家政服务员的职业素养

一、判断题（将判断结果填入括号中。正确的填"√"，错误的填"×"）

1. 家政服务员要适应各种生活习惯不同的雇主，提供适合雇主个性化要求的服务。
（　）

2. 四级家政服务员要重视提高个人素养，其核心是提高料理家务的各项操作技能。（　）

3. 雇主最欢迎的是心直口快、能说会道的家政服务员。（　）

4. 家政服务员应积极参与调解雇主家庭内部矛盾，使雇主家庭和睦幸福。（　）

5. 财产所有权指财产所有人依法对自己的财产享有占有、使用收益和处分的权利。
（　）

6. 公民在行使自由和权利的时候，不得损害国家的、社会的、集体的利益和其他公民的合法自由和权利。
（　）

7. 民事违法行为一般包括侵权行为、违约行为两类。（　）

8. 妇女在劳动安全、劳动卫生等方面享有与男子同样的权利。（　）

9. 丈夫限制妻子的人身自由是家庭内部问题，不触犯法律。（　）

二、单项选择题（选择一个正确的答案，将相应的字母填入题内的括号中）

1. 要做一个受欢迎的家政服务员首先要（　）。

　　A. 学会烧菜　　　　　　　　　　　B. 加强道德修养

C. 不怕吃苦　　　　　　　　　　　　D. 会洗烫衣服

2. 雇主因意外事件对家政服务员产生怀疑，家政服务员应（　　）。

A. 表示不满　　　B. 沉默不语　　　C. 婉转说明　　　D. 投诉求助

3. 家政服务员应为雇主创造一个（　　）的家庭环境，使他们无后顾之忧。

A. 温馨舒适有条理　　　　　　　　　B. 整齐

C. 干净　　　　　　　　　　　　　　D. 安静

4. 家政服务员新到雇主家，首先要尽快了解雇主家的（　　）。

A. 内部矛盾　　　B. 生活习惯　　　C. 工作单位　　　D. 收入情况

5. 家政服务员在雇主家工作，重视（　　）可达到事半功倍的效果。

A. 调解矛盾　　　B. 休闲娱乐　　　C. 人际沟通　　　D. 清洁卫生

6. 雇主招待宾客时，家政服务员应主动（　　）。

A. 陪同交谈　　　B. 热情服务　　　C. 回避不见　　　D. 清洁打扫

7. 民法是调整平等主体之间（　　）和人身关系的基本法。

A. 资产关系　　　B. 债券关系　　　C. 财产关系　　　D. 债务关系

8. 家政服务员与雇主之间在（　　）上是平等的。

A. 劳动报酬　　　B. 人格尊严　　　C. 饮食待遇　　　D. 休闲娱乐

9. 财产权包括财产所有权以及与此有关的（　　）、继承权、承包经营权、相邻权等。

A. 抚养权　　　B. 债权　　　C. 自主权　　　D. 名誉权

10. 人格权包括公民的生命健康权、人身自由权、姓名权、（　　）、肖像权等。

A. 抚养权　　　B. 债权　　　C. 自主权　　　D. 名誉权

11. 家政服务员与家政公司及雇主签订了劳务协议后，擅自违反协议内容，属于（　　）。

A. 刑事犯罪　　　B. 违约行为　　　C. 品德不良　　　D. 自由散漫

12. 家政服务员之间谈论雇主的家事，侵犯了雇主的（　　）。

A. 人格权　　　B. 财产权　　　C. 隐私权　　　D. 名誉权

13. 家政服务员将雇主的某些新奇物品擅自把玩而造成损坏，要（　　）。

A. 承担刑事责任　　　　　　　　B. 承担民事法律责任

C. 退赔道歉　　　　　　　　　　　　D. 原物归还

14.《中华人民共和国妇女权益保障法》规定妇女享有与男子平等的政治权利和（　　）。

A. 经济权利　　　B. 推荐权利　　　C. 财产权利　　　D. 代表权利

15. 妇女按计划生育要求中止妊娠的，在手术后（　　）内，男方不得提出离婚。

A. 8 个月　　　B. 6 个月　　　C. 1 年　　　D. 10 个月

16. 超市保安员检查妇女的衣兜等，侵犯了妇女的（　　）。

A. 财产权益　　　B. 政治权利　　　C. 人身权利　　　D. 劳动权益

衣物洗烫

一、判断题（将判断结果填入括号中。正确的填"√"，错误的填"×"）

1. 真丝织品洗涤时，温度不宜过高，一般应在 30℃左右。　　　　　　　（　　）

2. 真丝服装只能手工水洗，轻轻揉搓，晒干为宜。　　　　　　　　　　（　　）

3. 丝绒衣服和窗帘不可以用水洗。　　　　　　　　　　　　　　　　　（　　）

4. 羊毛衫及纯羊毛编织衣物洗涤时可用常温或 30～40℃左右温度的水。　（　　）

5. 羊绒、羊毛衫裤在洗涤后，应晾晒在阳光充足的阳台上。　　　　　　（　　）

6. 洗羽绒服要选用优质洗涤剂或羽绒服洗涤剂，水的温度在 40℃左右。　（　　）

7. 羽绒服在洗涤前不要预先浸泡，以免面料变形。　　　　　　　　　　（　　）

8. 洗涤羽绒服应选择晴天，并尽可能在一天内晾干。　　　　　　　　　（　　）

9. 衣服沾染的污渍使用优质洗涤剂能完全去除。　　　　　　　　　　　（　　）

10. 酒精可去除衣服上的动植物油渍。　　　　　　　　　　　　　　　（　　）

11. 去除衣物上的咖喱油渍时不能先用水把咖喱油渍润湿。　　　　　　（　　）

12. 衣物沾了蜡烛油，要先用手剥掉衣物表面上的蜡质。　　　　　　　（　　）

13. 棉、麻、涤、化纤等白色织物梁上的墨水渍可先用冷水浸透后，再用肥皂搓洗或刷洗。　　　　　　　　　　　　　　　　　　　　　　　　　　　　　（　　）

14. 当衣物沾染上高锰酸钾时，可用维生素 C 药片蘸上水，涂在污渍处，然后轻轻擦拭。　　　　　　　　　　　　　　　　　　　　　　　　　　　　　　（　　）

15. 衣服上的茶水渍如果是旧渍，要用浓盐水浸洗。　　　　　　　　（　　）

16. 衣物沾上泡泡糖渍，要用汽油或酒精擦拭去除，最后进行水洗。　（　　）

17. 高级羊绒、羊毛衫裤，穿着后如果不脏就可以收藏起来。　　　　（　　）

18. 7—8 月份应将收藏的羊毛衫裤拿出来晒霉。　　　　　　　　　（　　）

19. 使用过的干洗溶液不必装在封闭的容器中。　　　　　　　　　　（　　）

20. 羊毛衫、脱脂的羊绒衫不可用汽油进行干洗。　　　　　　　　　（　　）

21. 不太脏的毛料服装干洗前应先用衣刷除去服装上的灰尘，或用吸尘器吸一遍。

　　　　　　　　　　　　　　　　　　　　　　　　　　　　　（　　）

22. 手工干洗裘皮服装，一般用酒精、米面或滑石粉。　　　　　　　（　　）

23. 整烫衣物时掌握适当的温度和含水量，就能达到纤维平整、挺括、恢复原形和保持
整洁的效果。　　　　　　　　　　　　　　　　　　　　　　　（　　）

24. 熨烫织物时，用力越大效果越好。　　　　　　　　　　　　　　（　　）

25. 冷却能加速纤维分子运动，从而达到定形的目的，是熨烫中不可缺少的环节。（　　）

26. 全棉织品直接熨烫温度应达 150～180℃。　　　　　　　　　　（　　）

27. 能使羊毛纤维分解的温度是 130～150℃。　　　　　　　　　　（　　）

28. 蒸汽熨斗既安全又便于操作，是初学者在家庭整烫衣服时的理想工具。（　　）

29. 熨案包括熨烫衣物的案板和穿板。　　　　　　　　　　　　　　（　　）

30. 一般家庭必备棉馒头靠垫，长 25 cm、宽 15 cm、厚 4 cm。　　（　　）

31. 熨烫男西裤时，要先将裤子翻到反面，从左前门襟开始熨烫。　　（　　）

32. 手工整形烫熨主要是针对水洗的羊毛衣裤。　　　　　　　　　　（　　）

33. 高级羊绒、羊毛衫裤洗后缩小，通过熨烫都可以恢复其原来形状。（　　）

二、单项选择题（选择一个正确的答案，将相应的字母填入题内的括号中）

1. 丝织品比较"娇嫩"，在洗涤时水的温度应选择在（　　　）℃左右。

　　A. 50　　　　　　　B. 30　　　　　　　C. 40　　　　　　　D. 20

2. 丝织品洗涤时应注意选用（　　　）。

　　A. 肥皂　　　　　B. 中性洗涤剂　　　C. 优质洗衣粉　　　D. 纯碱洗涤剂

3. 丝织品比较"娇嫩"，在洗涤时应注意（　　　）。

A. 随浸随洗 　　　 B. 及时晒干 　　　 C. 不能手洗 　　　 D. 使用优质洗衣粉

4. 面料颜色较易褪色的真丝衣服，洗涤时应将衣服（ 　　 ）向外。

A. 反面 　　　 B. 正面 　　　 C. 上面 　　　 D. 以上均不正确

5. 丝绒衣服和窗帘洗涤时应注意选用（ 　　 ）。

A. 肥皂 　　　 B. 中性洗涤剂 　　　 C. 优质洗衣粉 　　　 D. 纯碱洗涤剂

6. 丝绒衣服和窗帘晾晒前水分要（ 　　 ），晾晒时用软毛刷把绒头刷齐，四角拉平整。

A. 用手拧干 　　　 B. 自然滴干 　　　 C. 略甩掉些 　　　 D. 甩得干些

7. 洗涤羊绒衫的水温以（ 　　 ）℃为宜。

A. 40 　　　 B. 30 　　　 C. 50 　　　 D. 20

8. 羊绒、羊毛衫裤洗好后一般需过三次清水，第一次过清水应是（ 　　 ）℃左右的温水。

A. 40 　　　 B. 30 　　　 C. 45 　　　 D. 25

9. 绣花，镶嵌有塑料片、金属片的羊毛衫和羊绒衫一般采用（ 　　 ）进行洗涤。

A. 手搓洗法 　　　 B. 刷洗法 　　　 C. 搓板洗法 　　　 D. 淋洗法

10. 羊毛针织品如羊绒衫、羊毛衫、羊毛围巾洗涤时应选用（ 　　 ）。

A. 肥皂 　　　 B. 中性洗涤剂 　　　 C. 洗洁净 　　　 D. 优质洗衣粉

11. 羊绒、羊毛衫裤洗涤后，如让其自然沥干，需套在网袋里沥晾到（ 　　 ）成干。

A. 4 　　　 B. 5 　　　 C. 6 　　　 D. 7

12. 羊绒、羊毛衫裤烘干时烘干机温度不宜过高，应掌握在（ 　　 ）℃左右。

A. 40 　　　 B. 30 　　　 C. 50 　　　 D. 20

13. 羽绒服在洗涤时水温应选择在（ 　　 ）℃左右。

A. 50 　　　 B. 30 　　　 C. 40 　　　 D. 20

14. 羽绒服刷洗干净后再重新放入洗衣机洗涤（ 　　 ）min。

A. 5～10 　　　 B. 10～15 　　　 C. 3～5 　　　 D. 15～20

15. 羽绒服洗涤后，应晾晒在（ 　　 ）处。

A. 阳光充足 　　　 B. 干燥通风 　　　 C. 阴凉背光 　　　 D. 干燥避风

16. 羽绒服甩干后要用手抖一抖，使其（ 　　 ）。

A. 平整　　　　　　B. 蓬松　　　　　　C. 挺括　　　　　　D. 减少褶皱

17. 色素脂类污渍包括油漆、油墨、（　　）、圆珠笔油等。

A. 动物油　　　　　B. 植物油　　　　　C. 机油　　　　　　D. 印台油

18. 油污类污渍包括动物油、植物油和（　　）等。

A. 油漆　　　　　　B. 油墨　　　　　　C. 机油　　　　　　D. 印台油

19. 有食用油渍的衣服可浸在（　　）内，用手轻轻揉洗，再用旧毛巾稍稍用力擦。

A. 洗涤剂　　　　　B. 汽油　　　　　　C. 肥皂水　　　　　D. 火油

20. 有咖喱油渍的衣服清洗时，可在浸湿后，再放入（　　）℃的温甘油中刷洗。

A. 40　　　　　　　B. 30　　　　　　　C. 50　　　　　　　D. 20

21. 衣物沾了蜡烛油，先剥掉蜡质后，再用吸附性较强的纸分别垫在污渍的上下两面，再（　　）。

A. 用力搓　　　　　B. 用刷子刷　　　　C. 用熨斗熨烫　　　D. 用高压水枪喷

22. 棉、麻、涤、化纤等白色织物的墨水渍去除浮色后，再用浓度为（　　）的漂水溶液进行氧化漂洗。

A. 4%～8%　　　　B. 1%～3%　　　　C. 8%～10%　　　　D. 10%～13%

23. 当衣物沾染上高锰酸钾时，可用维生素 C 药片蘸上（　　），涂在污渍处，然后轻轻擦拭。

A. 洗涤剂　　　　　B. 甘油　　　　　　C. 汽油　　　　　　D. 水

24. 深色羊毛、丝绸等织物沾染上高锰酸钾时，先用软刷轻轻刷洗，去除浮色，然后用（　　）去除色底。

A. 柠檬酸　　　　　B. 漂水　　　　　　C. 洗涤剂　　　　　D. 用高压喷水枪

25. 衣服上的酱油渍可用冷水搓洗，再用（　　）去除。

A. 洗涤剂　　　　　B. 甘油　　　　　　C. 汽油　　　　　　D. 水

26. 丝、毛织物上的酱油渍可用浓度为（　　）的柠檬酸进行洗涤。

A. 5%　　　　　　　B. 15%　　　　　　C. 10%　　　　　　D. 20%

27. 衣物刚沾上的茶水渍，可用（　　）℃的热水搓洗去除。

A. 40～50　　　　　B. 70～80　　　　　C. 50～60　　　　　D. 60～70

28. 毛料衣物沾上茶水渍，可用浓度为（　　）的甘油揉搓，再用洗涤剂搓洗、漂净。

    A. 10%　　　　　　B. 5%　　　　　　C. 15%　　　　　　D. 20%

29. 衣物沾上血渍，应立即把衣物放入冷水中，稍加一些（　　）浸泡 30 min。

    A. 洗涤剂　　　　　B. 甘油　　　　　　C. 汽油　　　　　　D. 盐

30. 衣服不慎沾染圆珠笔油渍，可用（　　）去除。

    A. 甘油　　　　　　B. 汽油　　　　　　C. 洗涤剂　　　　　D. 酒精

31. 一般的羊毛衫裤可以折叠存放，如果与（　　）衣物相隔存放更好。

    A. 真丝　　　　　　B. 化纤　　　　　　C. 全棉　　　　　　D. 棉麻

32. 羊毛织品一般在入梅前要晾晒并使衣物全部（　　）后再收藏。

    A. 干净　　　　　　B. 阴干　　　　　　C. 晒透　　　　　　D. 以上均不正确

33. 全毛衣服的（　　）是在一定的室温加上湿度才产生的。

    A. 褶折　　　　　　B. 变形　　　　　　C. 污渍　　　　　　D. 蛀洞

34. （　　）宜采用手工干洗。

    A. 涤纶服装　　　　B. 牛仔裤　　　　　C. 裘皮服装　　　　D. 夹克衫

35. 家庭中手工干洗衣服，一般选用（　　），但要远离火源，注意安全。

    A. 中性洗涤剂　　　B. 酸性洗涤剂　　　C. 碱性洗涤剂　　　D. 酒精或汽油

36. 真丝衬衫可用（　　）进行干洗。

    A. 酒精　　　　　　B. 碱性洗涤剂　　　C. 肥皂　　　　　　D. 洗衣粉

37. 真丝衬衫干洗时应采用刷洗和（　　）结合的方法洗涤。

    A. 手搓洗　　　　　B. 浸洗　　　　　　C. 搓板洗　　　　　D. 机洗

38. 羊毛衫、脱脂的羊绒衫干洗应采用浸洗和（　　）结合的方法洗涤。

    A. 手搓洗　　　　　B. 刷洗　　　　　　C. 搓板洗　　　　　D. 机洗

39. 绣花，镶嵌有塑料片、金属片的羊毛衫和羊绒衫一般采用（　　）的方法洗涤。

    A. 手搓洗　　　　　B. 刷洗　　　　　　C. 搓板洗　　　　　D. 淋洗

40. 毛料服装在干洗时，要用（　　）蘸上酒精对衣服的领口、袖口及污染严重的部位进行刷洗。

    A. 刷子　　　　　　B. 硬毛刷　　　　　C. 软毛刷　　　　　D. 牙刷

41. 绒面皮革服装手工干洗时，全部擦洗完以后要用毛巾擦一遍，再用棕毛刷顺着绒毛（　　）整理一遍，即可挂到通风阴凉处晾干。

  A. 倒向　　　　　B. 顺向　　　　　C. 横向　　　　　D. 竖向

42. （　　）不能用水洗，采用干洗为宜。

  A. 涤纶风衣　　　B. 皮革服装　　　C. 人造丝衬衫　　　D. 羊毛衫

43. 要把衣物烫平，必须具备（　　）、水分、压力、冷却这四个基本要素。

  A. 温度　　　　　B. 常温　　　　　C. 低温　　　　　D. 高温

44. 一般纤维在（　　）℃以上才能产生变化。

  A. 40　　　　　　B. 50　　　　　　C. 60　　　　　　D. 70

45. 要把衣物烫平，必须具备温度、（　　）、压力、冷却这四个基本要素。

  A. 干燥　　　　　B. 常温　　　　　C. 水分　　　　　D. 高温

46. （　　）衣物在熨烫时必须用一定量的水。

  A. 羊毛　　　　　B. 腈纶　　　　　C. 人造棉　　　　　D. 涤棉

47. 熨烫织物时，用力要（　　）、均匀，才能达到好的熨烫效果。

  A. 大　　　　　　B. 轻　　　　　　C. 重　　　　　　D. 适度

48. 在织物的熨烫过程中，（　　）能抑制纤维分子运动，从而达到定形的目的，是熨烫中不可缺少的因素。

  A. 冷却　　　　　B. 水分　　　　　C. 压力　　　　　D. 温度

49. 家庭熨烫中常采用自然冷却法，要使自然降温加快，在熨斗刚走过的地方用口吹气，吹气时要使气（　　）。

  A. 快而强　　　　B. 慢而弱　　　　C. 粗而短　　　　D. 细而长

50. 全棉织品垫湿布熨烫温度应达（　　）℃。

  A. 175～195　　　B. 195～220　　　C. 220～240　　　D. 150～180

51. 麻棉织品垫干布熨烫温度应达（　　）℃。

  A. 150～180　　　B. 185～205　　　C. 220～250　　　D. 200～220

52. 麻织品垫湿布熨烫温度应达（　　）℃。

  A. 150～180　　　B. 185～205　　　C. 220～250　　　D. 200～220

53. 羊毛品垫湿布熨烫温度应达（　　）℃。

    A. 185～200　　　　B. 200～250　　　　C. 130～150　　　　D. 160～180

54. 桑蚕丝织品垫干布熨烫温度应达（　　）℃。

    A. 190～200　　　　B. 165～185　　　　C. 130～150　　　　D. 200～230

55. 柞蚕丝织品垫湿布熨烫温度应达（　　）℃。

    A. 190～220　　　　B. 155～165　　　　C. 180～190　　　　D. 130～150

56. （　　）织品只能在155～165℃内进行直接熨烫。

    A. 维纶　　　　　　B. 柞蚕丝　　　　　C. 丙纶　　　　　　D. 羊毛

57. 涤纶织品垫湿布熨烫温度应达（　　）℃。

    A. 130～150　　　　B. 200～220　　　　C. 180～190　　　　D. 150～170

58. 涤纶织品直接熨烫温度应达（　　）℃。

    A. 130～150　　　　B. 200～220　　　　C. 180～190　　　　D. 150～170

59. 锦纶织品垫湿布熨烫温度应达（　　）℃。

    A. 125～145　　　　B. 190～220　　　　C. 180～190　　　　D. 160～170

60. 锦纶织品直接熨烫温度应达（　　）℃。

    A. 125～145　　　　B. 190～220　　　　C. 180～190　　　　D. 160～170

61. 使用家用喷雾蒸汽熨斗只要对着衣服距（　　）cm左右喷即可。

    A. 5　　　　　　　　B. 1　　　　　　　　C. 8　　　　　　　　D. 3

62. 烫案上一般铺设旧毛毡、棉毡，再用（　　）做案面。

    A. 涤棉白布　　　　B. 纯棉白布　　　　C. 人造棉白布　　　D. 白布

63. 熨案的案板与普通写字台的面积差不多，高度约（　　）cm。

    A. 90～100　　　　B. 70～80　　　　　C. 100～110　　　　D. 80～90

64. 家庭熨烫无穿板时，可用长35 cm、宽（　　）cm、厚9～10 cm的棉枕头代替。

    A. 25　　　　　　　B. 30　　　　　　　C. 20　　　　　　　D. 15

65. 男衬衫克夫就是袖口贴边，应先烫（　　）边再烫另一边。

    A. 里　　　　　　　B. 外　　　　　　　C. 以上均正确　　　D. 以上均不正确

66. 男衬衫衣领烫好一般应扣第（　　）扣，再按长8寸宽6寸规格折叠。

A. 2，4   B. 1，3，5   C. 1，3   D. 2，4，6

67. 熨烫男西裤烫后腰缝时要把裤子翻到（   ）面，熨斗伸进去把后腰缝劈开烫平直。

A. 里   B. 外   C. 正   D. 反

68. 熨烫男西裤烫通腰裥时，要把一条（   ）裥从上到下烫平直。

A. 大   B. 小   C. 中   D. 腰

69. 手工整形烫熨主要是针对干洗的（   ）衣裤。

A. 化纤   B. 羊毛   C. 全棉   D. 真丝

70. 羊毛、羊绒织品洗后缩水、走样较大的，要通过（   ）来恢复原形。

A. 手工整形   B. 套定型模板   C. 边烫边拉   D. 手工冲洗

烹饪技能

一、判断题（将判断结果填入括号中。正确的填"√"，错误的填"×"）

1. 水产品的种类繁多，但初步加工方法是一样的。 （   ）

2. 对虾就是长得大的沼虾。 （   ）

3. 煮蛤蜊的原汤腥膻味重，不宜用于烹制菜品。 （   ）

4. 家禽的各部位均可利用，要做到物尽其用。 （   ）

5. 鸭、鹅羽毛比较难煺，宰杀前可先给鸭、鹅灌一些凉水，这样容易煺毛。 （   ）

6. 鸽子用于烹调都采用摔死、闷死的活杀方法。 （   ）

7. 家畜内脏及四肢加工时要特别认真，使其符合干净无异味的要求。 （   ）

8. 猪腰主要用清水漂洗法来初步加工。 （   ）

9. 猪肠、肚加盐和醋搓洗，洗净黏液后用清水反复洗涤干净。 （   ）

10. 盐发一般也称晶体发。 （   ）

11. 泡香菇的水营养丰富，味鲜美，沉淀后可做菜时使用。 （   ）

12. 要使蹄筋发得快，可采用碱发。 （   ）

13. 水发海参时，不可沾油、盐、碱和杂质。 （   ）

14. 干贝只要浸在冷水中，加料酒就能涨发。 （　　）

15. 海蜇头老，海蜇皮嫩，涨发的方法不一样。 （　　）

16. 人体所需要的6大营养素可以从任何食物中获取。 （　　）

17. 调节生理机能，是营养素在人体内的重要生理功能之一。 （　　）

18. 人体的发育以及抵抗疾病都依赖蛋白质。 （　　）

19. 维生素A、维生素D、维生素E只能溶解于脂肪后，才能被人体吸收。 （　　）

20. 糖能促进胃肠蠕动和消化。 （　　）

21. 维生素对人体生命活动起着"四两拨千斤"的作用。 （　　）

22. 维生素C能增加人体内抗体，促进造血机能。 （　　）

23. 食盐与肌肉的活动有密切的关系。 （　　）

24. 霉菌毒素食物中毒是食物中毒的类型之一。 （　　）

25. 花生、玉米、木薯、小麦等储存不妥，都会引起黄曲霉毒素中毒。 （　　）

26. 严格执行各项饮食卫生制度，是预防食物中毒的重要措施。 （　　）

27. 选择富有营养的烹饪原料，进行合理搭配、加工、烹调是合理烹饪的内容之一。

（　　）

28. 溶解流失是食物营养素损失的原因之一。 （　　）

29. 加热时，食物中的营养素流失是一样的。 （　　）

30. 空气中氧气与食物接触越多，食物中维生素损失就越多。 （　　）

31. 为了食品卫生，食品原料洗涤时间越长越好。 （　　）

32. 烹调蔬菜时过早加盐也会使水溶性营养素溶出被氧化或流失。 （　　）

33. 滑油时对原料体形没有什么特殊要求。 （　　）

34. 上浆挂糊能丰富菜肴的口味。 （　　）

35. 水粉浆的稀稠度应根据原料的含水量多少来定。 （　　）

36. 水粉糊中也可加入鸡蛋液。 （　　）

37. 水粉糊与发粉糊性能相同可相互通用。 （　　）

38. 拍粉糊与拍粉拖蛋糊方法是一样的，没有区别。 （　　）

39. 烹调中每个菜肴都需要勾芡。 （　　）

40. 厚芡适用于一切需要勾芡的菜肴。 （　　）

41. 卤的技法能增加食物的咸味和甜味。 （　　）

42. 白煮与卤是一样的冷菜制作方法。 （　　）

43. 冷菜制作方法中的腌有盐腌、醉腌和糟腌。 （　　）

二、单项选择题（选择一个正确的答案，将相应的字母填入题内的括号中）

1. 水产品的种类（　　），初步加工方法较为复杂，必须认真细致地加以处理。

　　A. 简单　　　　　　B. 繁多　　　　　　C. 单纯　　　　　　D. 较少

2. 鱼类及水产品的初步加工包括（　　）、除沙、剥皮、泡烫宰杀、摘洗等步骤。

　　A. 刮鳞　　　　　　B. 摘鳃　　　　　　C. 去肠　　　　　　D. 去鳍

3. 以下鱼类中属于骨片性鳞的是（　　）。

　　A. 带鱼　　　　　　B. 鲴鱼　　　　　　C. 鲈鱼　　　　　　D. 鳝鱼

4. 沼虾也称（　　），初步加工要剪去虾枪、眼、须、腿，洗净即好。

　　A. 对虾　　　　　　B. 青虾　　　　　　C. 白虾　　　　　　D. 龙虾

5. 沼虾每年（　　）月份产卵，虾卵是名贵的烹调原料。

　　A. 1—2　　　　　　B. 2—3　　　　　　C. 3—4　　　　　　D. 4—5

6. 蛤蜊烹调前，要将其放入（　　）中浸泡，使其吐出腹内泥沙。

　　A. 自来水　　　　　B. 海水　　　　　　C. 矿泉水　　　　　D. 冷开水

7. 煮蛤蜊的原汤，味道（　　），澄清后即可用于烹制菜品。

　　A. 腥膻　　　　　　B. 苦涩　　　　　　C. 清淡　　　　　　D. 鲜美

8. 家禽初步加工的要求之一是，煺毛时要掌握好水的（　　）和烫泡时间。

　　A. 重量　　　　　　B. 温度　　　　　　C. 质量　　　　　　D. 种类

9. 煺毛时就烫泡时间而言，还要根据不同的家禽（　　）来掌握。

　　A. 大小　　　　　　B. 品种　　　　　　C. 以上均正确　　　D. 以上均不正确

10. 家禽初步加工的步骤主要有宰杀、（　　）、开膛取内脏、禽类内脏的洗涤加工等。

　　A. 清洁羽毛　　　　B. 检验羽毛　　　　C. 梳理羽毛　　　　D. 烫泡煺毛

11. 一般情况下，烫泡煺毛时老鸡用开水，嫩鸡用（　　）℃左右的水。

　　A. 50　　　　　　　B. 60　　　　　　　C. 70　　　　　　　D. 80

12. 禽类的内脏中，除素囊、食管和（　　）不能食用外，其他均可食用。

    A. 心   B. 肺   C. 肝   D. 胆

13. 清洗禽类的肠子时，把肠子剖开后，加盐、（　　）、明矾搓洗，可以去掉肠壁上的污物。

    A. 酒   B. 醋   C. 碱   D. 糖

14. 鸽子都采用活杀，活杀有摔死、（　　）等方法。

    A. 宰杀   B. 闷死   C. 踩死   D. 压死

15. 鸽子去毛可采用干去，就是待鸽子死去而（　　）尚未散尽时将羽毛拔净。

    A. 血液   B. 体温   C. 水分   D. 以上均正确

16. 加工家畜内脏及四肢，要针对原料的不同（　　）采用适当加工方法。

    A. 大小   B. 形态   C. 重量   D. 性质

17. 里外翻洗法主要用于肠、（　　）等内脏的洗涤加工。

    A. 肚   B. 肺   C. 心   D. 腰

18. 刮剥洗涤法适用于猪头、猪爪、猪舌、（　　）等原料。

    A. 牛肺   B. 牛心   C. 牛腰   D. 牛舌

19. 煮烂后的猪肠、肚必须用清水浸泡，否则色泽要变（　　）。

    A. 红   B. 黄   C. 黑   D. 白

20. 猪肚焯水后要刮净上面的（　　），再用清水洗净。

    A. 表皮   B. 黄皮   C. 肌肉   D. 毛壳

21. 发料的目的是使干制原料重新吸收（　　）。

    A. 油分   B. 水分   C. 空气   D. 营养

22. 干料涨发的目的之一是，去除腥膻气味和杂质，合乎（　　）要求。

    A. 切配   B. 食用   C. 形态   D. 质量

23. 涨发的方法一般有水发、油发和（　　），此外还有盐发和火发。

    A. 干发   B. 气发   C. 碱发   D. 烤发

24. 香菇涨发要用冷水浸泡（　　）h，剪去菌根，洗净泥沙杂质，再泡软。

    A. 1   B. 1.5   C. 2   D. 3

25. 一般每千克干香菇可涨发为（　　）kg 湿料。

　　A. 2～3　　　　　B. 3～4　　　　　C. 4～5　　　　　D. 5～6

26. 蹄筋采用油发，其每千克干料可涨发为（　　）kg 湿料。

　　A. 3　　　　　　B. 4　　　　　　C. 5　　　　　　D. 6

27. 海参品种多，质地差别很大，发料方法有水发、（　　）、油发和火发四种。

　　A. 淘米水发　　　B. 鸭汤发　　　　C. 鸡汤发　　　　D. 牛汤发

28. 每千克干料海参，用水发可涨发为（　　）kg 湿料。

　　A. 2～3　　　　　B. 3～4　　　　　C. 4～5　　　　　D. 5～6

29. 干贝洗净，除去老筋，放入容器，蒸至用手指捻成（　　）状为好。

　　A. 条　　　　　　B. 块　　　　　　C. 粒　　　　　　D. 丝

30. 冷水发海蜇，洗去泥沙，摘去身筋，放入冷水中浸泡（　　）天。

　　A. 1～2　　　　　B. 1～3　　　　　C. 2～3　　　　　D. 1～4

31. 食物中所含为人体生长发育和维持健康所需的（　　）成分称营养素或营养成分。

　　A. 物理　　　　　B. 分解　　　　　C. 氧化　　　　　D. 化学

32. 人体从食物中摄取、消化、吸收和利用食物（　　）的整个过程统称营养。

　　A. 味道　　　　　B. 质感　　　　　C. 养料　　　　　D. 色泽

33. 人体所需的营养素有 6 种，即蛋白质、脂肪、糖类、（　　）、维生素、水。

　　A. 海盐　　　　　B. 池盐　　　　　C. 矿盐　　　　　D. 无机盐

34. （　　）是人体所需要六大营养素之一。

　　A. 维生素　　　　B. 维酶素　　　　C. 叶绿素　　　　D. 胡萝卜素

35. 食物中所含的各种营养素，对人体具有各种重要的（　　）功能。

　　A. 活动　　　　　B. 消化　　　　　C. 生理　　　　　D. 生育

36. 蛋白质是生命的基础，是细胞的重要成分，也是人体各种器官和组织的（　　）。

　　A. 一般成分　　　B. 基本成分　　　C. 补充成分　　　D. 消耗成分

37. 作为生命的基础，人体的肌肉、血液、皮肤、毛发都含有（　　）。

　　A. 蛋白质　　　　B. 矿物质　　　　C. 维生素　　　　D. 纤维素

38. 脂肪能保护和固定体内器官，并起（　　）作用。

A. 消化　　　　　　B. 吸收　　　　　　C. 润滑　　　　　　D. 分解

39. （　　）能供给热量，维持体温。

A. 盐　　　　　　　B. 水　　　　　　　C. 油　　　　　　　D. 糖

40. 糖是人体的主要（　　）来源。

A. 甜味　　　　　　B. 食品　　　　　　C. 热能　　　　　　D. 水分

41. （　　）对人体生命活动起着"四两拨千斤"的作用。

A. 矿物质　　　　　B. 蛋白质　　　　　C. 脂肪　　　　　　D. 维生素

42. 维生素（　　）有解毒、降低血清胆固醇和抗癌作用。

A. B　　　　　　　B. A　　　　　　　C. K　　　　　　　D. C

43. 维持渗透压及酸碱平衡是（　　）的主要功能之一。

A. 糖　　　　　　　B. 盐　　　　　　　C. 醋　　　　　　　D. 油

44. 食物中毒是人们吃了有毒食物后引起的（　　）疾病的总称。

A. 慢性　　　　　　B. 急性　　　　　　C. 以上均正确　　　D. 以上均不正确

45. （　　）食物中毒是食物中毒中最普遍、最常规的类型。

A. 环境性　　　　　B. 物理性　　　　　C. 广泛性　　　　　D. 细菌性

46. 细菌性食物中毒主要发生于每年的（　　）月。

A. 3—4　　　　　　B. 4—5　　　　　　C. 5—8　　　　　　D. 5—10

47. 每年（　　）月气候炎热，是食物中霉菌处于最适生长或最适产毒的温度。

A. 3—4　　　　　　B. 5—10　　　　　　C. 4—8　　　　　　D. 5—9

48. 食入因储存不妥而霉变的食物，可引起（　　）中毒。

A. 细菌性　　　　　B. 化学性　　　　　C. 有毒动植物　　　D. 黄曲霉毒素

49. 预防食物中毒的主要措施之一是：严格注意个人卫生，养成良好的（　　）习惯。

A. 饮食　　　　　　B. 卫生　　　　　　C. 起居　　　　　　D. 锻炼

50. （　　）烹调的内容之一，是根据食用者每日营养素的需要，进行合理搭配。

A. 一般　　　　　　B. 家庭　　　　　　C. 合理　　　　　　D. 宾馆

51. 食物烹饪后，其中（　　）最易遭到破坏。

A. 矿物质　　　　　B. 维生素　　　　　C. 纤维素　　　　　D. 叶绿素

52. 加热损失，主要是食物在烹调时其中（　　）遭到破坏，损失较多。

　　A. 纤维素　　　　　B. 叶绿素　　　　　C. 胡萝卜素　　　　D. 维生素

53. 食物切后与空气的接触面积增大，食物中的有些维生素被（　　）破坏。

　　A. 水化　　　　　　B. 氧化　　　　　　C. 分解　　　　　　D. 水解

54. 合理洗涤能减少微生物，除去（　　）虫卵和泥沙，有利于食品卫生。

　　A. 甲虫　　　　　　B. 螨虫　　　　　　C. 蚊虫　　　　　　D. 寄生虫

55. 烹调（　　），要尽可能运用"旺火急炒"，不宜过早加盐，减少原料中维生素 C 的损失。

　　A. 蔬菜　　　　　　B. 肉块　　　　　　C. 鱼块　　　　　　D. 鸡块

56. 冷水焯水适用于形体较大、质地较老、血污较重、腥膻臊臭味浓的（　　）原料。

　　A. 植物性　　　　　B. 动物性　　　　　C. 矿物性　　　　　D. 水溶性

57. 滑油适用于体形（　　）、质地较嫩的原料。

　　A. 粗大　　　　　　B. 较扁　　　　　　C. 较厚　　　　　　D. 细小

58. 上浆挂糊的作用之一是能保持菜肴的形态，美化菜肴的（　　）。

　　A. 色泽　　　　　　B. 大小　　　　　　C. 厚薄　　　　　　D. 以上均不正确

59. 蛋清浆是先用清水将干淀粉化开，再加适量鸡蛋清、水、料酒、盐和（　　）调制均匀。

　　A. 花椒料　　　　　B. 胡椒粉　　　　　C. 辣椒粉　　　　　D. 咖喱粉

60. 水粉浆是先用清水将干淀粉化开，再加入适量（　　）、料酒、胡椒粉、盐调匀。

　　A. 鸡蛋清　　　　　B. 鸡蛋黄　　　　　C. 全鸡蛋　　　　　D. 清水

61. 先用清水将淀粉化开，再加入适量（　　）调制成较为浓稠的糊状，即成水粉糊。

　　A. 鸡蛋清　　　　　B. 全鸡蛋　　　　　C. 鸡蛋黄　　　　　D. 清水

62. 发粉糊是先将面粉和淀粉同时化开，再加入足量（　　）、发酵粉、盐调匀拌入食油。

　　A. 鸡蛋清　　　　　B. 清水　　　　　　C. 鸡蛋黄　　　　　D. 全鸡蛋

63. 拍粉拖液与拍粉糊相同（　　）后，拖蘸蛋液随即进行初步熟处理或正式烹调。

　　A. 调味　　　　　　B. 排斩　　　　　　C. 上浆　　　　　　D. 拍粉

64. 勾芡的作用之一是能增加菜肴的（　　）和口感。

 A. 品种   B. 数量   C. 成熟   D. 口味

65. 在菜肴即将成熟或刚刚成熟时，应及时（　　）。

 A. 调味   B. 调色   C. 加汤   D. 勾芡

66. （　　）前烹调原料的口味、色泽应当调理准确。

 A. 加热   B. 下锅   C. 加油   D. 勾芡

67. 按淀粉在水中糊化时水与淀粉的比例不同，芡汁可分厚芡、（　　）两大类。

 A. 包芡   B. 糊芡   C. 立芡   D. 薄芡

68. 卤是将原料放在配好的卤汁中（　　）。

 A. 烧   B. 焖   C. 熬   D. 煮

69. （　　）就是将原料放在水锅或白汤中煮熟，再浇上兑好的调味清汁。

 A. 卤   B. 酱   C. 白煮   D. 腌

70. （　　）是将原料投入调味卤中浸或用调味品涂抹、拌和。

 A. 酱   B. 腌   C. 白煮   D. 卤

产妇与新生儿护理

一、判断题（将判断结果填入括号中。正确的填"√"，错误的填"×"）

1. 乳头皲裂与婴儿吸吮姿势不正确有关。 （ ）

2. 产妇在产后2～7个月出现脱发现象是一种病理现象。 （ ）

3. 为保证母子健康，产褥期内最好不要有频繁的亲友探望。 （ ）

4. 使用肥皂或酒精清洁乳头容易造成局部皮肤干燥，引发乳头皲裂。 （ ）

5. 产后1～3天内应采用女性专用洗剂清洁外阴。 （ ）

6. 产后营养素的需要量比妊娠期要少。 （ ）

7. 乳母应多吃高蛋白质、高维生素食物，少吃纤维素多的蔬菜水果。 （ ）

8. 新生儿不会用嘴呼吸，应保持鼻腔通畅。 （ ）

9. 新生儿居室应避免亲友频繁的探视。 （ ）

10. 新生儿衣物储放时不宜放置樟脑丸。 （ ）

11. 新生儿眼睛分泌物较多，可以用生理盐水棉球由内到外擦洗。 （ ）

二、单项选择题（选择一个正确的答案，将相应的字母填入题内的括号中）

1. 产后第二周，排出的恶露颜色为（ ）。

    A. 鲜红色　　　　　B. 粉红色　　　　　C. 黄色　　　　　D. 白色

2. 初乳中含有丰富的（ ），可增加新生儿抵抗力。

    A. 维生素　　　　　B. 免疫球蛋白　　　　C. 脂肪　　　　　D. 碳水化合物

3. 产后常见的疼痛不包括（ ）。

    A. 顺产妇产后1周内常有的会阴部伤口疼痛

    B. 剖腹产妇产后1～2周的腹部伤口痛

    C. 大部分产妇都会有的头痛

    D. 产后2～4天出现的乳房胀痛

4. 为防止产后脱发加重，可以采用的护理措施是（ ）。

    A. 产褥期不梳头　　　　　　　　　B. 产褥期不洗头

    C. 用肥皂洗头　　　　　　　　　　D. 用木梳子梳头

5. 夏天，用电扇调节产妇居室温度时应注意（ ）。

    A. 产妇不能处于对流风的环境　　　B. 电扇可以对着产妇吹

    C. 风力大一些　　　　　　　　　　D. 产妇可在吊扇下吹风

6. 新生儿母乳喂养不恰当的是（ ）。

    A. 坚持按时哺乳　　　　　　　　　B. 坚持按需哺乳

    C. 坚持夜间哺乳　　　　　　　　　D. 坚持早接触、早吸吮

7. 目前建议新生儿开奶的时间是产后（ ）h。

    A. 6　　　　　　　B. 2　　　　　　　C. 12　　　　　　D. 0.5

8. 哺乳后产妇可以用（ ）涂抹在乳头上。

    A. 乳汁　　　　　　B. 软膏　　　　　　C. 酒精　　　　　D. 润肤露

9. 产后会阴部清洁应注意（ ）。

    A. 每周清洗1～2次　　　　　　　　B. 选用女性专用洗剂

C. 水温在 50℃ 以上　　　　　　　　D. 盆与毛巾专人专用

10. 产后不宜食用的食物是（　　　）。

　　A. 水果　　　　　　B. 绿叶菜　　　　C. 辣椒　　　　　D. 红糖

11. 乳母不宜采用的食物是（　　　）。

　　A. 牛奶　　　　　　B. 豆制品　　　　C. 生鱼片　　　　D. 动物血

12. 新生儿生命体征表现为（　　　）。

　　A. 呼吸快、心率快　　　　　　　　B. 呼吸慢、心率慢

　　C. 呼吸快、心率慢　　　　　　　　D. 呼吸慢、心率快

13. 新生儿居室安排，不合理的是（　　　）。

　　A. 最好朝南　　　　　　　　　　　B. 湿度在 50％ 左右

　　C. 每天开窗换气 10 min　　　　　 D. 用"湿扫"的方式清洁地面、家具

14. 新生儿的盖被以柔软透气的（　　　）为最佳。

　　A. 羽绒被　　　　　　B. 锦纶被　　　　C. 新棉被　　　　D. 半新棉被

15. 清洁女婴臀部要注意按（　　　）顺序进行。

　　A. 从内向外　　　　B. 从后向前　　　　C. 从外到内　　　　D. 从阴部到肛门

16. 着凉引起的新生儿腹泻，一般不出现（　　　）。

　　A. 黏液脓血便　　　　　　　　　　B. 水样便

　　C. 有小块奶瓣的稀便　　　　　　　D. 黄绿色稀便

17. 新生儿出现喷射状吐奶应采取的措施是（　　　）。

　　A. 减少喂奶量　　　　　　　　　　B. 睡眠时抬高床头、侧卧

　　C. 立即送医院诊治　　　　　　　　D. 竖抱轻拍背部

◆ 婴幼儿照料 ◆

一、判断题（将判断结果填入括号中。正确的填"√"，错误的填"×"）

1. 3 个月以内的乳儿应注意培养规律进食的习惯，做到按时哺乳。（　　　）

2. 4～6 个月的乳儿应选择有声、能动、能自己表演的玩具。（　　　）

3. 7 个月以后的孩子可以教其自己用手拿食物吃。　　　　　　（　　）

4. 7 个月以后的孩子的食物以粥面为主，可以不喝奶制品。　　（　　）

5. 2 岁以内的小儿脐疝一般不需治疗。　　　　　　　　　　　（　　）

6. 1～3 岁的婴幼儿可以适应成人的饮食，不必单做。　　　　　（　　）

7. 通过儿歌、古诗和故事可以促进婴幼儿语言发展。　　　　　（　　）

8. 4～6 岁的幼儿应养成自己进餐的习惯。　　　　　　　　　（　　）

9. 接种疫苗后 1～2 天出现低热、局部疼痛和红肿是正常现象。　（　　）

10. 给小儿服药，可将盛药液的小勺送入患儿口中，压住舌头，待药物咽下后再取出。

　　　　　　　　　　　　　　　　　　　　　　　　　　　（　　）

11. 婴幼儿用肛表测量体温时应有人扶持体温表。　　　　　　　（　　）

12. 小儿夜惊、枕秃、盗汗是佝偻病的早期表现。　　　　　　　（　　）

13. 小儿感冒应注意饮食清淡，补充水分。　　　　　　　　　　（　　）

14. 小儿肺炎最先出现的症状是咳嗽和发热。　　　　　　　　　（　　）

15. 水痘患儿的水疱主要分布在躯干部和四肢。　　　　　　　　（　　）

16. 腮腺炎患儿使用的食具和毛巾应进行煮沸消毒。　　　　　　（　　）

17. 麻疹患儿应进行呼吸道和接触隔离。　　　　　　　　　　　（　　）

二、单项选择题（选择一个正确的答案，将相应的字母填入题内的括号中）

1. 3 个月内的乳儿不宜喂食的食物是（　　　）。

　　A. 母乳　　　　　　B. 牛乳　　　　　　C. 母乳化奶粉　　　D. 米汤

2. 3 个月的乳儿外出活动，每天以（　　　）min 为宜。

　　A. 5～10　　　　　B. 10～20　　　　　C. 30～60　　　　　D. 120

3. 3 个月左右的乳儿睡眠特点是（　　　）。

　　A. 睡眠集中于白天　　　　　　　　　B. 睡眠逐渐集中于晚上

　　C. 大部分时间在睡眠　　　　　　　　D. 睡眠完全无规律

4. 对于（　　　）个月的乳儿，应有意识地训练俯卧翻身动作。

　　A. 1～2　　　　　　B. 2～3　　　　　　C. 3　　　　　　　　D. 4～6

5. 7～12 个月的孩子，睡眠照顾应注意（　　　）。

A. 养成午睡习惯   B. 尽量让孩子多睡

C. 保证晚间睡眠，白天不安排午睡   D. 尽量让孩子早睡晚起

6. 给 4 个月乳儿制作果汁和菜汁不正确的是（   ）。

A. 选择新鲜水果和蔬菜   B. 现做现吃

C. 果汁不掺水   D. 菜汁不加盐

7. 纠正小婴儿便秘的最好方法是（   ）。

A. 给予蜂蜜水   B. 增加水的摄入   C. 给予开塞露   D. 给予灌肠

8. 适宜给 1～3 岁婴幼儿食用的食物是（   ）。

A. 炸猪排   B. 鱼丸汤   C. 烤鲫鱼   D. 煎牛排

9. 生长发育正常的婴幼儿，（   ）个月左右前囟门完全关闭。

A. 6   B. 12   C. 18   D. 24

10. 1～3 岁的婴幼儿活动特点不正确的是（   ）。

A. 活动范围增大   B. 活动能力增强

C. 容易发生撞、跌伤等事故   D. 自控能力强

11. 1～3 岁的婴幼儿游戏的目的不包括（   ）。

A. 促进婴幼儿的动作发展   B. 激发婴幼儿的好奇心

C. 提高口语表达能力   D. 建立数的概念

12. 4～6 岁幼儿进餐不合适的护理方法是（   ）。

A. 让幼儿自己进餐   B. 鼓励不挑食

C. 不在进餐中批评幼儿   D. 幼儿不愿吃的食物强迫其吃

13. 4～6 岁的幼儿智力发育日趋完善，此时的幼儿好奇、好问、（   ），应注意正确引导。

A. 模仿能力强   B. 计算能力强

C. 动手能力强   D. 思维能力强

14. 正常幼儿（   ）岁开始换牙，应注意保持口腔清洁，防止龋齿。

A. 4   B. 5   C. 6   D. 7

15. 插子、积木、雪花片等游戏可以提高 4～6 岁幼儿的（   ）能力。

A. 精细动作　　　　B. 语言表达　　　　C. 观察　　　　D. 计算

16. 游戏中督促幼儿遵守规则，有助于培养幼儿的（　　）和诚实的品质。

    A. 自我控制能力　　　　　　　　　B. 语言能力

    C. 计算能力　　　　　　　　　　　D. 动手能力

17. 小儿接种疫苗后 24 h，出现（　　），应及时到医院诊治。

    A. 局部疼痛　　　　B. 局部红肿　　　　C. 食欲不振　　　　D. 高热

18. 为小儿滴眼药液，不恰当的做法是（　　）。

    A. 洗净双手　　　　　　　　　　　B. 小儿取坐位

    C. 弃去药液 1～2 滴　　　　　　　D. 分开下眼睑滴入适量药液

19. 帮助小儿滴耳药，错误的是（　　）。

    A. 滴管不能触及外耳道壁　　　　　B. 药液温度低于人的体温

    C. 患儿取侧卧或坐位头偏向一侧　　D. 应注意固定小儿头部

20. 给小婴儿服药，如不配合，可用拇指和食指捏住患儿（　　）使其吞咽。

    A. 鼻孔　　　　B. 双颊　　　　C. 双耳　　　　D. 双手

21. 小儿测量体温应注意（　　）。

    A. 可以使用口表测量　　　　　　　B. 测量时间要适当缩短

    C. 无论何种测量都应有人扶持照看　D. 防止受凉，一般不宜腋表测量

22. 以下关于小儿佝偻病的护理，不恰当的是（　　）。

    A. 注意皮肤护理保持清洁

    B. 适当的户外活动多晒太阳

    C. 重症孩子帮助其尽早地站立和行走

    D. 根据医嘱合理用药

23. 小儿感冒发烧引起食欲不振，合适的饮食是（　　）。

    A. 米粥　　　　B. 肉包子　　　　C. 排骨汤　　　　D. 牛肉汉堡包

24. 小儿肺炎的护理中应注意（　　）。

    A. 室温控制在 10～15℃

    B. 少饮水，以免引起咳嗽

    C. 注意保暖，避免开窗

    D. 发热超过39℃应根据医嘱采用物理和药物降温

25. 以下关于水痘患儿的护理，不正确的是（　　　）。

    A. 补充水分利于毒素排出　　　　　　　B. 避免搔抓，保持皮肤清洁

    C. 注意休息，勤换内衣　　　　　　　　D. 实行消化道隔离

26. 流行性腮腺炎的肿胀和疼痛特点是（　　　）。

    A. 局部硬而冷　　　　　　　　　　　　B. 以耳垂为中心

    C. 咀嚼吞咽时疼痛减轻　　　　　　　　D. 肿胀部位皮肤发红

27. 腮腺炎患儿恰当的饮食是（　　　）。

    A. 酸奶　　　　　　B. 米粥　　　　　　C. 烤鸡翅　　　　　　D. 甜酒酿汤

28. 麻疹是由麻疹病毒引发的传染病，多发生在（　　　）。

    A. 冬末春初　　　　B. 春末夏初　　　　C. 夏末秋初　　　　D. 秋末冬初

◆ 家庭护理 ◆

一、判断题（将判断结果填入括号中。正确的填"√"，错误的填"×"）

1. 调节心理，解除情绪紧张，有助于减轻心因性头痛。　　　　　　　　（　　　）

2. 蒸汽吸入、适量饮水有助于稀释痰液便于咳出。　　　　　　　　　　（　　　）

3. 严重呕吐者应给予软食，并补充水分和电解质。　　　　　　　　　　（　　　）

4. 心理紧张会增加腹痛程度。　　　　　　　　　　　　　　　　　　　（　　　）

5. 腹泻病人的饮食应少油、少渣和少维生素。　　　　　　　　　　　　（　　　）

6. 慢性支气管炎伴有肺气肿的患者应在医生的指导下训练腹式呼吸。　　（　　　）

7. 大叶性肺炎病人痰液呈铁锈色。　　　　　　　　　　　　　　　　　（　　　）

8. 高血压病人只要坚持吃药就可以治愈。　　　　　　　　　　　　　　（　　　）

9. 冠心病人应保持大便通畅，避免用力排便。　　　　　　　　　　　　（　　　）

10. 糖尿病人的衣着鞋袜应宽松，防止趾端坏疽。　　　　　　　　　　（　　　）

11. 为防止意外，应禁止老年痴呆症患者外出。　　　　　　　　　　　（　　　）

12. 瘫痪病人使用热水袋水温不超过50℃。 （　　）

13. 为刺激食欲，化疗期间癌症病人的饮食宜添加辛辣食物。 （　　）

14. 鼻出血可以用酒精棉球填塞鼻孔。 （　　）

15. 烫伤起泡，应将水泡挑破，涂上药膏包扎。 （　　）

16. 开放性骨折应立即将外露骨端回纳到伤口内，防止感染。 （　　）

17. 进行口对口人工呼吸时必须保持呼吸道通畅，一般采用仰头抬颏法。 （　　）

18. 关节被动运动应从大关节到小关节，运动幅度从小到大顺序进行。 （　　）

19. 拍球、对掌、握拳和松拳可以训练肘关节功能。 （　　）

20. 偏瘫病人康复训练，在不能下床时即应开始训练拿勺吃饭、梳头等日常生活动作。
 （　　）

二、单项选择题（选择一个正确的答案，将相应的字母填入题内的括号中）

1. 高热指口腔温度高于（　　）℃。

　　A. 38.5　　　　　　B. 39　　　　　　C. 38　　　　　　D. 39.5

2. 高热病人的护理不包括（　　）。

　　A. 卧床休息，减少体力消耗

　　B. 积极降温

　　C. 给予高脂肪、高维生素、高蛋白质软食

　　D. 鼓励饮水，保持口腔清洁

3. 头痛伴有视力模糊、呕吐应立即（　　）。

　　A. 给予止痛剂　　　B. 调节体位　　　C. 局部按摩　　　D. 送医院急诊

4. 有效咳嗽，应在（　　）后用力将痰液咳出。

　　A. 深呼气　　　　　B. 深吸气　　　　　C. 快速呼气　　　　D. 快速吸气

5. 严重呕吐病人应（　　）。

　　A. 给予半流质饮食　　　　　　　　　B. 暂禁食

　　C. 给予软食　　　　　　　　　　　　D. 给予甜食

6. 腹痛未明确诊断，可采取的护理措施是（　　）。

　　A. 给予热敷　　　B. 给予止痛剂　　　C. 给予按摩　　　D. 给予调整卧位

7. 不宜采用止痛措施的腹痛是（　　）。

  A. 胃肠炎   B. 痛经   C. 胃溃疡   D. 不知原因的腹痛

8. 传染病引起的腹泻一般不需要进行（　　）。

  A. 粪便消毒   B. 污染衣物消毒

  C. 空气消毒   D. 餐具消毒

9. 感冒病人的居室相对湿度调节到（　　）比较合适。

  A. 20%   B. 40%   C. 60%   D. 80%

10. 病毒性感冒病人一般不需要（　　）。

  A. 多饮水   B. 多休息   C. 服用抗生素   D. 居室通风

11. 慢性支气管炎的患者呼吸困难时不恰当的护理措施是（　　）。

  A. 保持呼吸道通畅，协助排痰   B. 取半坐卧位

  C. 给予氧气吸入   D. 帮助捶胸

12. 慢性支气管炎患者痰液黏稠不易咳出时，一般不采用（　　）方法帮助排痰。

  A. 捶胸   B. 蒸汽吸入 C. 服化痰药   D. 体位引流

13. 大叶性肺炎病人的痰液呈（　　）。

  A. 粉红色   B. 铁锈色   C. 淡绿色   D. 白色

14. 消化性溃疡病人饮食安排应注意（　　）。

  A. 低糖、高蛋白质   B. 高维生素、高糖

  C. 高脂肪、高蛋白质   D. 高蛋白质、高糖

15. 消化性溃疡，不合适的护理措施是（　　）。

  A. 心理安慰，保持情绪稳定   B. 生活规律，保证睡眠

  C. 进食规律，少食多餐   D. 使用热水袋

16. 高血压病人恰当的护理措施是（　　）。

  A. 每日食盐低于 10 g   B. 注意劳逸结合，保证睡眠

  C. 根据血压自己调节用药剂量 D. 禁止体育锻炼

17. 心绞痛发作，主要表现为心前区（　　）。

  A. 压榨性疼痛 B. 刺痛   C. 烧灼痛   D. 钝痛

18. 糖尿病人的饮食应根据血糖控制（　　　）的总量。

    A. 碳水化合物摄入　　　　　　　　B. 蛋白质摄入

    C. 维生素摄入　　　　　　　　　　D. 水分摄入

19. 老年痴呆症的首发症状是（　　　）。

    A. 行走障碍　　　　B. 记忆障碍　　　　C. 大小便失禁　　　　D. 睡眠障碍

20. 脑血栓病人的发病特点是（　　　）。

    A. 多发生于情绪激动时　　　　　　B. 呼吸有鼾声

    C. 通常意识清晰　　　　　　　　　D. 大小便失禁

21. 癌症病人在化疗期间，饮食安排不恰当的是（　　　）。

    A. 保证有足够的蛋白质　　　　　　B. 饮食宜清淡

    C. 保证有足够的脂肪摄入　　　　　D. 保证有一定的水分摄入

22. 癌症病人化疗期间食品不宜采用（　　　）的烹饪方法。

    A. 油炸　　　　B. 清蒸　　　　C. 炖煮　　　　D. 清炒

23. 眼球表面有异物，正确的处理方法是（　　　）。

    A. 用手揉出　　　　　　　　　　　B. 用清水或生理盐水冲洗

    C. 睁大眼睛　　　　　　　　　　　D. 闭上眼睛轻轻按摩眼球

24. 穿通性眼外伤，首先要做的是（　　　）。

    A. 保护伤口立即送医院　　　　　　B. 立即冲洗

    C. 闭上眼睛轻轻按摩　　　　　　　D. 立即涂眼药膏

25. 鼻出血止血，可以用食指与拇指按压患侧鼻翼（　　　）min。

    A. 1～2　　　　B. 10～15　　　　C. 3～4　　　　D. 20～30

26. 气道异物引起窒息，紧急处理措施不正确的是（　　　）。

    A. 取头低脚高位　　　　　　　　　B. 用力拍击胸部

    C. 用力拍击背部　　　　　　　　　D. 立即去医院取异物

27. 防止气道异物引发窒息，小儿一般不给予的玩具是（　　　）。

    A. 建筑积木　　　　B. 绒毛熊　　　　C. 汽车模型　　　　D. 玻璃串珠

28. 小面积烫伤的处理原则首先是（　　　）。

A. 尽早挑破水泡 B. 患肢放低

C. 冷水冲洗 D. 立即严密包扎

29. 小面积烫伤不必做的是（　　）。

A. 患肢抬高，减轻疼痛 B. 冷水冲洗，减轻伤害

C. 挑破水泡，严密包扎 D. 局部涂烫伤膏

30. 上肢开放性骨折，处理不当的是（　　）。

A. 检查有无危及生命的伤情 B. 绷带压迫止血

C. 固定骨折部位 D. 立即将外露骨端回纳到伤口内

31. 煤气中毒，不及时抢救，可导致永久性（　　）和死亡。

A. 运动系统损害 B. 神经系统损害

C. 血管系统损害 D. 消化系统损害

32. 煤气中毒现场急救不正确的是（　　）。

A. 立即脱离中毒现场 B. 将病人置于空气新鲜的环境

C. 必要时进行心肺复苏 D. 拨打"119"报警电话

33. 进行心脏按压时，病人应（　　）。

A. 仰卧在弹簧床上 B. 置于桌面上

C. 平卧在平地或硬板上 D. 仰卧在担架上

34. 康复训练的目的是（　　）。

A. 最大程度恢复和重建病人的自信与能力

B. 最大程度地帮助病人治疗疾病

C. 最大程度地延续病人的生命

D. 最大程度地为病人提供生活照料

35. 关节制动（　　）周以上，可以发生变形、挛缩引起功能障碍。

A. 4 B. 3 C. 2 D. 1

36. 训练肩关节的控制能力，不正确的是（　　）。

A. 手臂上举 B. 摸枕头 C. 拍球 D. 手臂外展

37. 手臂上举和内外展，可以训练（　　）

A. 手的精细动作　B. 肩关节功能　　　C. 肘关节功能　　　D. 腕关节功能

38. 训练手的精细动作，可采用的康复训练是（　　）。

A. 按摩　　　　　　　　　　　B. 关节被动运动

C. 拾黄豆　　　　　　　　　　D. 握拳

家庭卫生防疫常识

一、判断题（将判断结果填入括号中。正确的填"√"，错误的填"×"）

1. 食醋消毒居室空气，对呼吸道传染病有一定的预防作用。　　　　　（　　）

2. 84 消毒液浸泡消毒食具，使用前应冲净消毒液。　　　　　　　　（　　）

3. 菌痢病人的内衣裤可以煮沸 5～10 min 后清洗。　　　　　　　　（　　）

4. 肺结核病人的痰液可以采用焚烧法处理。　　　　　　　　　　　（　　）

5. 病毒性肝炎具有传染性强、流行广泛、发病率高等特点。　　　　　（　　）

6. 菌痢是一种消化道传染病，与食物不洁有关。　　　　　　　　　（　　）

二、单项选择题（选择一个正确的答案，将相应的字母填入题内的括号中）

1. 居室开窗通风，每次不少于（　　）min。

A. 10　　　　　　B. 30　　　　　　C. 60　　　　　　D. 120

2. 食醋熏蒸空气消毒，每立方米需（　　）mL。

A. 1～2　　　　　B. 3～4　　　　　C. 5～10　　　　　D. 15～20

3. 食具煮沸消毒，错误的是（　　）。

A. 消毒前食具刷洗干净　　　　　　B. 食具浸没于水中

C. 开火后计时 5～10 min　　　　　D. 橡胶类物品水沸后放入

4. 一般食具煮沸（　　）min 即可杀灭细菌的繁殖体。

A. 5～10　　　　　B. 1～2　　　　　C. 3～4　　　　　D. 30～60

5. 金属类食具一般不用（　　）消毒。

A. 煮沸　　　　　B. 干烤　　　　　C.84 消毒液浸泡　　　D. 高压蒸汽

6. 84 消毒液浸泡消毒食具，应注意（　　）。

A. 浸泡时间在 1 h 以上   B. 使用原液浸泡

C. 使用前应冲净消毒液   D. 用于金属类食具的消毒

7. 日光曝晒消毒，适用于（   ）。

A. 食具   B. 便器   C. 被褥   D. 外套

8. 肝炎病人便器消毒，最合适的消毒剂是（   ）。

A. 酒精   B. 高锰酸钾   C. 含氯消毒剂   D. 碘酒

9. 粪便消毒用漂白粉，水和漂白粉的比例是（   ）。

A. 1∶5   B. 5∶1   C. 1∶1   D. 2∶1

10. 甲型肝炎自发病起应隔离（   ）天。

A. 10   B. 20   C. 30   D. 40

11. 肺结核一般不出现（   ）症状。

A. 腹痛腹泻   B. 午后潮热   C. 咳嗽胸痛   D. 消瘦乏力

12. 不随地吐痰，有利于防止（   ）传播。

A. 肝炎   B. 菌痢   C. 肺结核   D. 肺气肿

13. 菌痢病人的食具应（   ）。

A. 煮沸消毒   B. 清水清洗   C. 洗洁精清洗   D. 温水清洗

◆ 常见花木养护常识 ◆

一、判断题（将判断结果填入括号中。正确的填"√"，错误的填"×"）

1. 夏季，阳台上的花木每天早晚浇水 2 次，如果阴天或下雨，视具体情况而定。

（   ）

2. 由于阳台上风大易干燥，植物极易干枯，可用黄沙、蛭石衬在花盆底下铺垫。

（   ）

3. 居住区内尤其是在室内，施肥应以不污染环境为前提。 （   ）

4. 冬春季，在早晨八九点给君子兰浇水效果较好。 （   ）

5. 杜鹃花宜在排水良好、肥沃、湿润的沙壤土上生长。 （   ）

6. 适宜室内栽种的植物有龟背竹、橡皮树、针葵、棕竹等。 （　　）

7. 室内耐阴植物的施肥和用药方面同阳台花木不一样。 （　　）

8. 仙人球换盆宜在冬天进行。 （　　）

9. 水仙花盆栽一般以陶、瓷器为佳。 （　　）

10. 阳光是植物光合作用的能源，能促进植物茁壮成长。 （　　）

11. 植物最基本的养料是氮、磷、钾肥。 （　　）

12. 石榴适宜在干燥、肥沃的沙土上生长。 （　　）

二、单项选择题（选择一个正确的答案，将相应的字母填入题内的括号中）

1. 适宜在朝南阳台上生长的花木是（　　）。

　　A. 君子兰　　　　　B. 茶花　　　　　C. 文竹　　　　　D. 五针松

2. 除夏季外，阳台上的花木一般（　　）天浇 1 次水，如果阴天或下雨则视具体情况而定。

　　A. 2～3　　　　　B. 4～5　　　　　C. 1～2　　　　　D. 3～4

3. 由于阳台上风大，易干燥，植物极易干枯，可用（　　）、蛭石衬在花盆底下铺垫。

　　A. 黄沙　　　　　B. 沙土　　　　　C. 黏土　　　　　D. 黄土

4. 花卉的苗期可多施些（　　），孕蕾期可多施些磷肥。

　　A. 氮肥　　　　　B. 磷肥　　　　　C. 钾肥　　　　　D. 草木灰

5. 阳台养花最常见的害虫为（　　）和蚧壳虫。

　　A. 茶毛虫　　　　　B. 蚜虫　　　　　C. 军配虫　　　　　D. 红蜘蛛

6. 杜鹃花最常见的虫害为（　　）和军配虫。

　　A. 茶毛虫　　　　　B. 蚜虫　　　　　C. 蚧壳虫　　　　　D. 红蜘蛛

7. 冬春季，在早晨（　　）点给君子兰浇水效果较好。

　　A. 2—3　　　　　B. 4—5　　　　　C. 6—7　　　　　D. 8—9

8. 君子兰在室温低于（　　）℃时，生长会受到抑制。

　　A. 0　　　　　B. 5　　　　　C. 10　　　　　D. 15

9. 文竹宜在排水良好、肥沃、湿润的（　　）上生长。

　　A. 黄沙　　　　　B. 沙壤土　　　　　C. 黏土　　　　　D. 黄土

10. 文竹生长的室温以（　　）℃为宜。

    A. 15～20　　　　B. 5～10　　　　C. 10～15　　　　D. 15～25

11. 杜鹃花根系浅而细，新梢萌发时宜施以（　　）肥为主的催芽肥。

    A. 磷　　　　　　B. 钾　　　　　　C. 氮　　　　　　D. 镁

12. 杜鹃花性喜湿润，一般要求盆土含水量保持在（　　）之间。

    A. 20%～30%　　B. 30%～40%　　C. 40%～50%　　D. 60%～70%

13. 适宜在室内生长的花木是（　　）。

    A. 石榴　　　　　B. 茶花　　　　　C. 杜鹃花　　　　D. 绿萝

14. 冬天应尽量将室内耐阴植物放置在（　　）的地方。

    A. 光线直射　　　B. 没有阳光　　　C. 阳光较弱　　　D. 阳光较好

15. 巴西木、绿萝、发财树、散尾葵等属于（　　）植物。

    A. 耐阴观花　　　B. 喜阳观叶　　　C. 耐阴观叶　　　D. 耐寒观叶

16. 若室内有暖气空调，会使水分蒸发较快，必须（　　）天给叶面喷一次水。

    A. 2　　　　　　B. 4　　　　　　C. 1　　　　　　D. 3

17. 新栽的仙人球不要浇水，每天仅喷水雾（　　）次即可。

    A. 4～5　　　　　B. 2～3　　　　　C. 6～7　　　　　D. 8～9

18. 仙客来盆栽喜透气疏松、（　　）良好的肥沃壤土。

    A. 排污　　　　　B. 排水　　　　　C. 排气　　　　　D. 排泥

19. 入夏后，经防虫处理过的仙客来球茎宜埋在温度不超过（　　）℃、阴凉且稍有湿度的沙土中。

    A. 25　　　　　　B. 20　　　　　　C. 15　　　　　　D. 35

20. 水仙花喜阳光照射，每天日照在（　　）h以上最佳。

    A. 1　　　　　　B. 2　　　　　　C. 3　　　　　　D. 4

21. 水仙花喜阳光照射，每天放在5～25℃的环境中，（　　）天左右即可开花。

    A. 15　　　　　　B. 25　　　　　　C. 35　　　　　　D. 45

22. 适宜在庭院生长的花木是（　　）。

    A. 石榴　　　　　B. 茶花　　　　　C. 杜鹃花　　　　D. 绿萝

23. 白玉兰、紫荆、桂花等植物适宜在（　　　）生长。

　　A. 室内　　　　　　　　　　　　B. 庭院

　　C. 东北朝向阳台　　　　　　　　D. 朝南阳台

24. 庭院植物的生长离不开（　　　）、水和肥料。

　　A. 松土　　　　　B. 阳光　　　　　C. 修剪　　　　　D. 以上均不正确

25. 植物生长的生命之源是（　　　）。

　　A. 肥料　　　　　B. 水　　　　　　C. 阳光　　　　　D. 以上均不正确

26. 浇水必须掌握（　　　）的原则。

　　A. 少量勤浇　　　　　　　　　　B. 早晚 2 次

　　C. 不干不浇，浇则浇透　　　　　D. 隔天 1 次

27. 石榴栽植时间从 9 月至翌年（　　　）月均可。

　　A. 1　　　　　　B. 2　　　　　　C. 3　　　　　　D. 4

28. 蜡梅盆栽一般（　　　）年应换盆一次。

　　A. 1～2　　　　B. 3～5　　　　C. 6～7　　　　D. 8～9

29. 蜡梅的培养土中粪干和腐叶土占 30%，（　　　）占 70%。

　　A. 黏土　　　　　B. 沙壤土　　　　C. 沙土　　　　　D. 黄土

家庭常见宠物饲养知识

一、判断题（将判断结果填入括号中。正确的填"√"，错误的填"×"）

1. 猫喜欢群体生活，家中最好多养几只猫。　　　　　　　　　　　　　（　　　）

2. 养猫只要为猫准备一个舒适的猫窝即可。　　　　　　　　　　　　　（　　　）

3. 新鲜的米饭和水果，更适合猫的口味。　　　　　　　　　　　　　　（　　　）

4. 猫只要清洁干净，可和主人一起上床睡觉。　　　　　　　　　　　　（　　　）

5. 猫喜欢在洁净的地方吃食，也喜欢吃残羹剩食。　　　　　　　　　　（　　　）

6. 母猫因惊恐缺乏母性，但不会有吃仔癖。　　　　　　　　　　　　　（　　　）

7. 玩赏狗可以做出各种各样的动作和表演。　　　　　　　　　　　　　（　　　）

8. 狗窝，盛食物的盘碟，洗澡用的肥皂、梳子、刷子以及玩具和颈圈是养狗必备物品。
（　　）

9. 狗表现出对人的支配性攻击行为，如试图吠咬主人、支配主人，解决的基本方法是严厉惩罚它，使其屈服。
（　　）

10. 一旦被狗抓破咬伤，不必迅速去医院诊治。
（　　）

11. 对狗表现出的各种撒娇行为应不理睬。
（　　）

12. 家养海水鱼需满足一定盐度，用海水精配制质量分子为 1.020～1.050 的海水，温度宜 17～27℃，要充气增加溶氧量。
（　　）

13. 自来水中漂白粉产生游离氯，除氯会死鱼。
（　　）

14. 每天给鱼喂食都要喂饱，投料次数和投喂量应根据鱼种特性科学投喂。
（　　）

15. 鹦鹉寿命长、性子烈，因此笼子和栖木要结实坚固，并用链子锁上双脚。
（　　）

16. 鸟笼中的栖木需勤洗或经常更换。
（　　）

17. 一只鸟每天消耗的食物重量相当于体重的 30%～200%。
（　　）

18. 鸟尸很小，一般包裹好丢弃在垃圾箱内即可。
（　　）

二、单项选择题（选择一个正确的答案，将相应的字母填入题内的括号中）

1. 波斯猫是家养猫中的珍贵品种，它们反应灵敏、文静、温顺、叫声小，而且（　　）。

 A. 皮毛短而稀　　　B. 皮毛长而密　　　C. 皮毛长而稀　　　D. 皮毛短而密

2. 国内主要的猫品种有山东狮子猫和（　　）。

 A. 狸花猫　　　B. 波斯猫　　　C. 泰国猫　　　D. 缅甸猫

3. 猫是一种很自私的动物，喜欢（　　）生活。

 A. 单独　　　B. 合群　　　C. 群居　　　D. 集体

4. 养猫用具包括猫窝、喂食用具、饮水用具、（　　）、铺垫物等。

 A. 洗涤液　　　B. 消毒液　　　C. 肥皂　　　D. 清洁剂

5. 猫食应该选择补充适量的（　　）食物。

 A. 鱼肉类　　　B. 果蔬类　　　C. 植物类　　　D. 豆制品类

6. 猫的换毛季节是（　　），应给猫勤梳皮毛，防治体外寄生虫和皮肤病。

　A. 春季　　　　　　B. 夏季　　　　　　C. 秋季　　　　　　D. 冬季

7. 当猫患病时也会少食或拒食，此时应给猫（　　）。

　A. 增加营养　　　　B. 吃药　　　　　　C. 吃豆制品　　　　D. 吃蔬果

8. 训练猫使用便盆的同时应在猫已排过粪、尿的地方彻底清除（　　）。

　A. 尿　　　　　　　B. 粪　　　　　　　C. 臭味　　　　　　D. 污迹

9. 猫不在规定的便盆内大小便，这往往是由于便盆太（　　）引起的。

　A. 大　　　　　　　B. 小　　　　　　　C. 冷　　　　　　　D. 脏

10. 猫喜欢（　　）生活，当一只猫进入另一只猫的领地时，即相互追逐、殴斗。

　A. 单独　　　　　　B. 合群　　　　　　C. 群居　　　　　　D. 集体

11. 母猫因（　　）缺乏母性，甚至有吃仔癖。

　A. 惊恐　　　　　　B. 生病　　　　　　C. 营养缺乏　　　　D. 生气

12. 猫和人会共患的疾病有（　　）多种。

　A. 10　　　　　　　B. 20　　　　　　　C. 40　　　　　　　D. 60

13. 狂犬病会使猫乱跳乱咬，在流行病区对病猫应（　　）。

　A. 将其关在笼内　　B. 及时捕杀　　　　C. 及时治疗　　　　D. 以上均不正确

14. （　　）属于中国名犬品种。

　A. 松狮犬　　　　　B. 格力犬　　　　　C. 贵妇犬　　　　　D. 博美犬

15. （　　）是外国名犬品种。

　A. 哈巴犬　　　　　B. 沙皮犬　　　　　C. 秋田犬　　　　　D. 松狮犬

16. 狗的嗅觉极为灵敏，要比人高出（　　）多倍。

　A. 1　　　　　　　　B. 2　　　　　　　　C. 10　　　　　　　D. 40

17. （　　）不是养狗必须准备的用具。

　A. 颈带　　　　　　B. 梳子　　　　　　C. 垫子　　　　　　D. 刷子

18. 狗喜爱温食，一般应喂（　　）食，喂食应定时定点定量，食物温度不要过冷或过热。

　A. 生　　　　　　　B. 熟　　　　　　　C. 半生半熟　　　　D. 生冷

19. 对仔狗和哺乳狗，应再添加磷、钙及（　　）、鱼肝油。

A. 水　　　　　　B. 水果　　　　　　C. 鱼肝油　　　　　D. 碳水化合物

20. 狗（　　）可作为卫生保健，运动可练其筋骨。

　　A. 散步　　　　　B. 跑步　　　　　　C. 睡觉　　　　　　D. 喝水

21. 狗自发性攻击行为可能与遗传有关，或由于患（　　）而引起，应将狗处死。

　　A. 维生素缺乏症　　　　　　　　　　B. 脑炎

　　C. 狂犬病　　　　　　　　　　　　　D. 狗瘟热

22. 狗异常活跃，极度狂嚎和毁坏性行为，主要是由于厌烦、（　　）等因素引起的。

　　A. 兴奋　　　　　B. 疾病　　　　　　C. 孤独　　　　　　D. 热闹

23. 有的狗有异嗜癖，即食石头、橡皮等，可在狗的异嗜物上涂撒（　　），或进行惩罚调教。

　　A. 盐　　　　　　B. 胡椒粉　　　　　C. 糖　　　　　　　D. 水

24. 一旦被狗咬、抓伤后，不要止血，不要包扎，立即用（　　）洗，并用浓度为3%的碘酒涂抹，随后去医院求治。

　　A. 浓肥皂水　　　B. 消毒液　　　　　C. 洗涤液　　　　　D. 淡盐水

25. 我国常见的家养观赏鱼中最著名的鱼种是（　　）。

　　A. 金鱼　　　　　B. 热带鱼　　　　　C. 锦鲤　　　　　　D. 海水鱼

26. 将自来水放于水桶中，在阳光下晒（　　）天可达除氯效果。

　　A. 1～2　　　　　B. 2～3　　　　　　C. 3～5　　　　　　D. 6～8

27. 喂鱼投料应注意固定时间，清早和（　　）不宜投喂，其余时间无严格要求。

　　A. 上午　　　　　B. 白天　　　　　　C. 晚上　　　　　　D. 下午

28. 鱼缸玻璃内壁附绿色藻类，可用（　　）擦去。

　　A. 抹布　　　　　B. 百洁布　　　　　C. 钢丝球　　　　　D. 硬毛刷

29. 鱼缸的清洁保养工作包括换水、清扫、适当地给水补（　　）。

　　A. 氮　　　　　　B. 钙　　　　　　　C. 氯　　　　　　　D. 氧

30. 观赏鱼患鳃病可用浓度为（　　）的高锰酸钾液，浸洗20～30 min即可。

　　A. 10%　　　　　B. 20%　　　　　　C. 5%　　　　　　　D. 15%

31. 观赏鱼患烂鳍病可（　　）、抗生素治疗。

　　A. 补氧　　　　　B. 换水　　　　　C. 用食盐　　　　D. 用维生素

32. 一般把笼养鸟划分为鹦鹉类、鸣禽类、（　　　）。

　　A. 八哥类　　　　B. 画眉类　　　　C. 鸠鸽类　　　　D. 百灵类

33. 鸟笼可做成圆形、箱式，钉制鸟箱时，注意不要露出（　　　）。

　　A. 锐角　　　　　B. 竹刺　　　　　C. 木枕　　　　　D. 钉脚

34. 幼鸟出壳后的第（　　　）天起，就必须用镊子喂给切成碎片的肉类饲料。

　　A. 2　　　　　　B. 4　　　　　　　C. 3　　　　　　　D. 1

35. 对死亡的鸟尸要有严格的（　　　）措施，不能随便丢弃在垃圾箱内。

　　A. 检测　　　　　B. 消毒掩埋　　　　C. 火化　　　　　D. 以上均不正确

传统习俗与禁忌

一、判断题（将判断结果填入括号中。正确的填"√"，错误的填"×"）

1. 佛教主张全部食素，不吃荤腥，荤指肉，腥指鱼。　　　　　　　　　　　（　　　）

2. 基督教是传播最为广泛，拥有近 17 亿信徒的世界第一大宗教。　　　　（　　　）

3. 圣诞节是基督教最主要的节日，被定在每年的 12 月 26 日。　　　　　（　　　）

4. 全世界佛教徒有 3 亿多人，其中 99％聚集在美洲。　　　　　　　　　（　　　）

5. 佛教创始人释迦牟尼诞生的日子，是佛教徒欢喜的节日，称作"成道节"。（　　　）

6. 佛教戒律中有不杀生、不饮酒、不妄语、不偷盗、不邪淫五戒。　　　　（　　　）

7. 全世界信仰伊斯兰教的穆斯林人口约 11 亿，分布在世界各大洲的一百多个国家和地区。　　　　　　　　　　　　　　　　　　　　　　　　　　　　　　　　　　（　　　）

8. 念功是穆斯林口头表达自己信仰纲领的基本内容。　　　　　　　　　　（　　　）

9. 伊斯兰教禁食猪肉。　　　　　　　　　　　　　　　　　　　　　　　（　　　）

10. 我国春节过年有吃年夜饭、贴年画、写春联、放鞭炮、走亲戚等风俗。　（　　　）

11. 春节刚过，迎来的就是中国的传统节日——元宵节。　　　　　　　　　（　　　）

12. 清明节又叫踏青节，按阳历来说，它是在每年的 4 月 4 日至 6 日之间。（　　　）

13. 每年农历八月十五日，是我国传统的中秋佳节。　　　　　　　　　　　（　　　）

14. 农历九月初九是重阳节，又称重九节，两个"阳数"重叠，故称重阳。　　（　　）

15. 非佛教徒进入佛寺要衣着整洁，不能赤膊和穿拖鞋。　　（　　）

16. 一般非穆斯林不要进入清真寺礼拜大厅。　　（　　）

二、单项选择题（选择一个正确的答案，将相应的字母填入题内的括号中）

1. 美国、英国、德国、法国、意大利、澳大利亚等国大多是信仰（　　）。
   A. 伊斯兰教　　　　B. 新教　　　　　　C. 佛教　　　　　　D. 基督教

2. 基督教徒忌食（　　）的食物。
   A. 苦涩　　　　　　B. 带血　　　　　　C. 辛辣　　　　　　D. 甜酸

3. 印度、日本、泰国、缅甸、马来西亚、朝鲜、尼泊尔等国大都信仰（　　）。
   A. 伊斯兰教　　　　B. 基督教　　　　　C. 佛教　　　　　　D. 新教

4. 阿拉伯半岛、叙利亚、巴勒斯坦和中东地区等国家大都信仰（　　）。
   A. 伊斯兰教　　　　B. 基督教　　　　　C. 佛教　　　　　　D. 新教

5. 伊斯兰教禁酒，禁食（　　）肉，禁食自死动物及血液，禁食无鳞鱼，如鳗鱼、鳝鱼、甲鱼等。
   A. 牛　　　　　　　B. 羊　　　　　　　C. 猪　　　　　　　D. 鸡

6. 基督教以《圣经》为根本经典，以（　　）为唯一崇拜对象。
   A. 上帝　　　　　　B. 耶稣　　　　　　C. 圣母　　　　　　D. 救世主

7. 基督教礼拜一般每星期举行（　　）次。
   A. 2　　　　　　　B. 5　　　　　　　 C. 3　　　　　　　 D. 1

8. 洗礼是基督教的入教仪式，一般在（　　）节之前进行。
   A. 狂欢　　　　　　B. 圣诞　　　　　　C. 复活　　　　　　D. 元旦

9. 圣诞节是基督教最主要的节日，被定在每年的12月（　　）日。
   A. 25　　　　　　　B. 26　　　　　　　C. 24　　　　　　　D. 27

10. 基督教禁忌"（　　）"，任何场合都要注意避开。
    A. 4　　　　　　　B. 9　　　　　　　 C. 13　　　　　　　D. 11

11. 西方人如果遇上是13日，又是星期五，就认为是最（　　）的日子。
    A. 幸福　　　　　　B. 倒霉　　　　　　C. 快活　　　　　　D. 悠闲

第4部分

操作技能复习题

◆ 刀工 ◆

一、刀工——剞兰花豆腐干（试题代码[①]：1.1.1；考核时间：10 min）

1. 试题单

（1）操作条件

1）考场准备长 600 mm×宽 600 mm×高 800 mm 操作台 1 只。

2）考场准备直径 350 mm，高 80 mm 木砧墩 1 块。或塑料都可以。

3）考场准备 150 mm 直径的不锈钢盘 1 只。

4）考生自带刀具及白豆腐干两块。

5）考生自备，抹布 1 块，白工作服或围裙 1 件，白工作帽 1 顶。

（2）操作内容

白豆腐干剞成兰花形。

（3）操作要求

1）豆腐干每个面不能少于 20 条刀纹。

2）每个刀纹之间距离相等，展开长度能超过原料长度的 1 倍。

3）刀纹之间无断裂现象。

---

① 试题代码表示该试题在鉴定方案《考核项目表》中的所属位置。左起第一位表示项目号，第二位表示单元号，第三位表示在该项目、单元下的第几个试题。

2. 评分表

试题代码及名称			1.1.1 刀工（剞兰花豆腐干）				考核时间		10 min	
评价要素		配分	等级	评分细则			评定等级			得分
						A	B	C	D	E
1	1. 每面不少于20条刀纹 2. 刀距粗细相等 3. 展开长度是原料长度的1倍 4. 刀纹之间无明显断裂 5. 两块基本相同	8	A	5点全符合要求						
			B	第1、2、4、5点符合要求						
			C	第1、4、5点符合要求						
			D	第1、2、3点符合要求						
			E	差或未答题						
2	1. 工作衣帽穿戴整齐 2. 操作规范、动作熟练 3. 个人卫生情况良好 4. 操作前后主动清理工作台，符合卫生要求	2	A	第1~4点符合要求						
			B	第2、3、4点符合要求						
			C	第3、4点符合要求						
			D	第1点符合要求						
			E	差或未答题						
合计配分		10		合计得分						

等级	A（优）	B（良）	C（及格）	D（较差）	E（差或未答题）
比值	1.0	0.8	0.6	0.2	0

"评价要素"得分＝配分×等级比值。

烹饪

一、烹饪1（试题代码：1.2.2；考核时间：40 min）

1. 试题单

（1）操作条件

1）考场准备全套家用燃气灶及炒锅、锅盖、铲勺、油缸、漏勺、调料盒。

2）考场准备8寸平圆盒1只、10寸鱼盆1只、10寸汤碗1只。

3）考场准备油、盐、糖、味精、料酒、米醋、酱油、淀粉。

4) 考生准备所考核菜肴的原料，按考前准备要求加工好。

5) 考生自备，特殊调料抹布，白工作服或围裙 1 件，白工作帽 1 顶。

（2）操作内容

1) 炒双菇。

2) 银芽鸡丝。

3) 肉丝豆腐羹。

（3）操作要求

1) 主辅料成形正确，数量配备合理、质量符合要求。

2) 蘑菇、草菇、菜心，预先焯水处理；豆腐现场焯水。

3) 鸡丝滑油，油温恰当，不能结团，银芽不可发黑。

4) 蘑菇为咸鲜口味，草菇为蚝油口味。

5) 肉丝粗细均匀，豆腐丁大小一致，勾芡均匀，汤量合理。

6) 菜肴制作过程合理，操作规范，动作熟练。

7) 按一定规格调味，保持风味特色。

8) 出锅及时，装盆熟练，盛器形状和大小符合菜肴的特点。

9) 操作前后灶台卫生符合规范，操作安全。

2. 评分表

试题代码及名称			1.2.2 烹饪（1. 炒双菇、2. 银芽鸡丝、3. 肉丝豆腐羹）		考核时间		40 min		
评价要素		配分	等级	评分细则	评定等级				得分
					A	B	C	D	E
1	1. 黑白绿光亮悦目 2. 大小均匀整齐 3. 口味咸鲜，蚝油味浓 4. 质感鲜嫩，数量相配 5. 芡汁均匀适度 6. 装盆美观整洁	10	A	6 点全符合要求					
			B	第 6 点不符合要求					
			C	第 1、5 点不符合要求					
			D	第 1、3、4 点不符合要求					
			E	差或未答题					

续表

试题代码及名称		1.2.2 烹饪（1. 炒双菇、2. 银芽鸡丝、3. 肉丝豆腐羹）				考核时间				40 min	

评价要素		配分	等级	评分细则	评定等级 A	B	C	D	E	得分
2	1. 色泽洁白光亮 2. 丝状长短粗细均匀 3. 咸鲜口味适中 4. 鸡丝嫩、银芽脆，比例正确 5. 芡汁均匀适度 6. 装盆美观整洁	10	A	6 点全符合要求						
			B	第 6 点不符合要求						
			C	第 1、6 点不符合要求						
			D	第 2、3、4 点不符合要求						
			E	差或未答题						
3	1. 色泽淡茶色澄清 2. 形态完整均匀 3. 咸鲜口味适中 4. 质感软嫩 5. 装碗汤量合理	8	A	5 点全符合要求						
			B	第 5 点不符合要求						
			C	第 1、5 点不符合要求						
			D	第 2、3、4 点不符合要求						
			E	差或未答题						
4	1. 工作衣帽穿戴整齐 2. 操作规范动作熟练 3. 个人卫生情况良好 4. 操作前后主动清理灶台，符合卫生要求	2	A	第 1~4 点符合要求						
			B	第 2、3、4 点符合要求						
			C	第 3、4 点符合要求						
			D	第 1 点符合要求						
			E	差或未答题						
合计配分		30		合计得分						

等级	A（优）	B（良）	C（及格）	D（较差）	E（差或未答题）
比值	1.0	0.8	0.6	0.2	0

"评价要素"得分＝配分×等级比值。

二、烹饪 2（试题代码：1.2.3；考核时间：40 min）

1. 试题单

（1）操作条件

1）考场准备全套家用燃气灶及炒锅、锅盖、铲勺、油缸、漏勺、调料盒。

2）考场准备 8 寸平圆盒 2 只、10 寸汤碗 1 只。

3）考场准备油、盐、糖、味精、料酒、米醋、酱油、淀粉。

4）考生准备所考核菜肴的原料，按考前准备要求加工好。

5）考生自备特殊调料，抹布，白工作服或围裙 1 件，白工作帽 1 顶。

（2）操作内容

1）清炒虾仁。

2）咕咾肉。

3）番茄土豆毛菜汤。

（3）操作要求

1）主辅料成形正确，数量配备合理、质量符合要求。

2）虾仁需经上浆滑油后再行烹制。

3）咕咾肉要大小一致复炸后，再调制卤汁翻拌。

4）番茄土豆毛菜汤，投料需按程序进行。

5）菜肴制作过程合理，操作规范，动作熟练。

6）按一定规格调味，保持风味特色。

7）出锅及时，装盆熟练，盛器形状和大小，符合菜肴的特点。

8）操作前后灶台卫生符合规范，操作安全。

2. 评分表

试题代码及名称			1.2.3 烹饪（1. 清炒虾仁、2. 咕咾肉、3. 番茄土豆毛菜汤）		考核时间			40 min		
评价要素		配分	等级	评分细则	评定等级					得分
					A	B	C	D	E	
1	1. 虾仁色泽玉白 2. 形态均匀完整 3. 咸鲜口味适中 4. 质感脆嫩 5. 芡汁均匀适度 6. 装盆美观整洁	10	A	6 点全符合要求						
			B	第 6 点不符合要求						
			C	第 1、6 点不符合要求						
			D	第 2、3、4 点不符合要求						
			E	差或未答题						

续表

试题代码及名称			1.2.3 烹饪（1. 清炒虾仁、2. 咕咾肉、3. 番茄土豆毛菜汤）		考核时间		40 min			
评价要素		配分	等级	评分细则	评定等级					得分
					A	B	C	D	E	
2	1. 色泽茄红油亮 2. 形态大小均匀适宜 3. 甜酸强烈平衡 4. 外香脆、里鲜嫩 5. 芡汁均匀适度 6. 装盆美观整洁	10	A	6 点全符合要求						
			B	第 6 点不符合要求						
			C	第 1、6 点不符合要求						
			D	第 2、3、4 点不符合要求						
			E	差或未答题						
3	1. 汤色澄清 2. 形态完整，比例恰当 3. 咸鲜口味适中 4. 土豆成熟适度 5. 装碗汤量合理	8	A	5 点全符合要求						
			B	第 5 点不符合要求						
			C	第 1、5 点不符合要求						
			D	第 2、3、4 点不符合要求						
			E	差或未答题						
4	1. 工作衣帽穿戴整齐 2. 操作规范动作熟练 3. 个人卫生情况良好 4. 操作前后主动清理灶台，符合卫生要求	2	A	第 1~4 点符合要求						
			B	第 2、3、4 点符合要求						
			C	第 3、4 点符合要求						
			D	第 1 点符合要求						
			E	差或未答题						
合计配分		30		合计得分						

等级	A（优）	B（良）	C（及格）	D（较差）	E（差或未答题）
比值	1.0	0.8	0.6	0.2	0

"评价要素"得分＝配分×等级比值。

三、烹饪 3（试题代码：1.2.4；考核时间：40 min）

1. 试题单

（1）操作条件

1）考场准备全套家用燃气灶及炒锅、锅盖、铲勺、油缸、漏勺、调料盒。

2) 考场准备 8 寸平圆盒 2 只、10 寸汤碗 1 只。

3) 考场准备油、盐、糖、味精、料酒、米醋、酱油、淀粉。

4) 考生准备所考核菜肴的原料，按考前准备要求加工好。

5) 考生自备特殊调料，抹布，白工作服或围裙 1 件，白工作帽 1 顶。

（2）操作内容

1) 三色鱼丁。

2) 果珍鸡柳。

3) 番茄土豆毛菜汤。

（3）操作要求

1) 主辅料成形正确，数量配备合理，质量符合要求。

2) 鱼丁需上浆滑油后再加辅料烹制。

3) 鸡柳需挂全蛋糊后，先炸制，再用果珍调味烹制。

4) 番茄土豆毛菜汤，投料需按程序进行。

5) 菜肴制作过程合理，操作规范，动作熟练。

6) 按一定规格调味，保持风味特色。

7) 出锅及时，装盆熟练，盛器形状和大小符合菜肴的特点。

8) 操作前后灶台卫生工作规范，操作安全。

2. 评分表

试题代码及名称			1.2.4　烹饪（1. 三色鱼丁、2. 果珍鸡柳、3. 番茄土豆毛菜汤）		考核时间		40 min			
评价要素		配分	等级	评分细则	评定等级					得分
					A	B	C	D	E	
1	1. 鱼丁洁白、辅料多彩 2. 丁状大小均匀、不碎 3. 咸鲜口味适中 4. 芡汁均匀适度 5. 鱼肉鲜、滑、嫩 6. 装盆美观、整洁	10	A	6 点全符合要求						
			B	第 6 点不符合要求						
			C	第 1、6 点不符合要求						
			D	第 2、3、4 点不符合要求						
			E	差或未答题						

续表

试题代码及名称			1.2.4 烹饪（1. 三色鱼丁、2. 果珍鸡柳、3. 番茄土豆毛菜汤）			考核时间		40 min			
评价要素		配分	等级	评分细则		评定等级					得分
						A	B	C	D	E	
2	1. 色泽金黄光亮 2. 形态大小均匀 3. 甜酸相宜、果珍味浓 4. 质软、嫩 5. 芡汁均匀适度 6. 装盆美观整洁	10	A	6点全符合要求							
			B	第6点不符合要求							
			C	第2、6点不符合要求							
			D	第2、3、4点不符合要求							
			E	差或未答题							
3	1. 汤色澄清 2. 形态完整比例恰当 3. 咸鲜口味适中 4. 土豆成熟适度 5. 装碗汤量合理	8	A	5点全符合要求							
			B	第5点不符合要求							
			C	第1、5点不符合要求							
			D	第2、3、4点不符合要求							
			E	差或未答题							
4	1. 工作衣帽穿戴整齐 2. 操作规范、动作熟练 3. 个人卫生情况良好 4. 操作前后主动清理灶台，符合卫生要求	2	A	第1~4点符合要求							
			B	第2、3、4点符合要求							
			C	第3、4点符合要求							
			D	第1点符合要求							
			E	差或未答题							
合计配分		30		合计得分							

等级	A（优）	B（良）	C（及格）	D（较差）	E（差或未答题）
比值	1.0	0.8	0.6	0.2	0

"评价要素"得分＝配分×等级比值。

四、烹饪4（试题代码：1.2.5；考核时间：40 min）

1. 试题单

（1）操作条件

1）考场准备全套家用燃气灶及炒锅、锅盖、铲勺、油缸、漏勺、调料盒。

2）考场准备 8 寸平圆盒 1 只、10 寸烩盆 1 只、10 寸汤碗 1 只。

3）考场准备油、盐、糖、味精、料酒、米醋、酱油、淀粉。

4）考生准备所考核菜肴的原料，按考前准备要求加工好。

5）考生自备特殊调料，抹布，白工作服或围裙 1 件，白工作帽 1 顶。

（2）操作内容

1）青椒鱼丝。

2）芙蓉蹄筋。

3）成都蛋汤。

（3）操作要求

1）主辅料成形正确，数量配备合理，质量符合要求。

2）鱼丝需经上浆滑油后再与青椒丝一起烹制。

3）蹄筋要先进行套汤后再进行烹制。

4）蛋饼必须现场制作。

5）菜肴制作过程合理，操作规范，动作熟练。

6）按一定规格调味，保持风味特色。

7）出锅及时，装盆熟练，盛器形状和大小符合菜肴的特点。

8）操作前后灶台卫生符合规范，操作安全。

2. 评分表

试题代码及名称			1.2.5　烹饪（1. 青椒鱼丝、2. 芙蓉蹄筋、3. 成都蛋汤）		考核时间	40 min				
评价要素	配分	等级	评分细则		评定等级					得分
					A	B	C	D	E	
1	1. 鱼丝洁白，青椒碧绿 2. 鱼丝粗细均匀光亮 3. 咸鲜口味适中 4. 鱼丝滑嫩，青椒脆 5. 芡汁均匀适度 6. 装盆美观整洁	10	A	6 点全符合要求						
			B	第 6 点不符合要求						
			C	第 1、6 点不符合要求						
			D	第 2、3、4 点不符合要求						
			E	差或未答题						

续表

试题代码及名称			1.2.5 烹饪（1. 青椒鱼丝、2. 芙蓉蹄筋、3. 成都蛋汤）		考核时间			40 min		
评价要素		配分	等级	评分细则	评定等级				得分
					A	B	C	D	E	

	评价要素	配分	等级	评分细则	A	B	C	D	E	得分
2	1. 色泽光亮悦目 2. 形态适宜，数量恰当 3. 咸鲜味适中 4. 蹄筋软糯 5. 芡汁均匀适度 6. 装盆美观整洁	10	A	第 6 点全符合要求						
			B	第 6 点不符合要求						
			C	第 1、6 点不符合要求						
			D	第 2、3、4 点不符合要求						
			E	差或未答题						
3	1. 汤色奶白澄清 2. 主辅料搭配恰当 3. 咸鲜味适宜 4. 蛋饼软糯香 5. 装碗汤量合理	8	A	5 点全符合要求						
			B	第 5 点不符合要求						
			C	第 1、5 点不符合要求						
			D	第 1、2、3 点不符合要求						
			E	差或未答题						
4	1. 工作衣帽穿戴整齐 2. 操作规范动作熟练 3. 个人卫生情况良好 4. 操作前后主动清理灶台，符合卫生要求	2	A	第 1~4 点符合要求						
			B	第 2、3、4 点符合要求						
			C	第 3、4 点符合要求						
			D	第 1 点符合要求						
			E	差或未答题						
合计配分		30		合计得分						

等级	A（优）	B（良）	C（及格）	D（较差）	E（差或未答题）
比值	1.0	0.8	0.6	0.2	0

"评价要素"得分＝配分×等级比值。

五、烹饪 5（试题代码：1.2.6；考核时间：40 min）

1. 试题单

（1）操作条件

1）考场准备全套家用燃气灶及炒锅、锅盖、铲勺、油缸、漏勺、调料盒。

2）考场准备 8 寸平圆盒 1 只、10 寸烩盆 1 只、10 寸汤碗 1 只。

3）考场准备油、盐、糖、味精、料酒、米醋、酱油、淀粉。

4）考生准备所考核菜肴的原料，按考前准备要求加工好。

5）考生自备特殊调料，抹布，白工作服或围裙 1 件，白工作帽 1 顶。

（2）操作内容

1）菠萝鸡片。

2）香茜烩白玉。

3）成都蛋汤。

（3）操作要求

1）主辅料成形正确，数量配备合理、质量符合要求。

2）鸡片上浆、滑油后再与菠萝一起烹制。

3）虾仁需上浆滑油后再与其他原料一起烩制，勾芡后再飘蛋清。

4）蛋饼必须现场制作后再煮汤，汤色浓白。

5）菜肴制作过程合理，操作规范，动作熟练。

6）按一定规格调味，保持风味特色。

7）出锅及时，装盆熟练，盛器形状和大小，符合菜肴的特点。

8）操作前后灶台卫生符合规范，操作安全。

2. 评分表

试题代码及名称			1.2.6 烹饪（1.菠萝鸡片、2.香茜烩白玉、3.成都蛋汤）		考核时间			40 min	
评价要素	配分	等级	评分细则		评定等级				得分
				A	B	C	D	E	
1. 1. 黄白相间、光亮悦目 2. 片形大小厚薄均匀 3. 咸中带甜适宜 4. 鸡肉嫩、菠萝脆 5. 芡汁均匀适度 6. 装盆美观整洁	10	A	6 点全符合要求						
		B	第 6 点不符合要求						
		C	第 1、6 点不符合要求						
		D	第 2、3、4 点不符合要求						
		E	差或未答题						

续表

试题代码及名称			1.2.6 烹饪（1. 菠萝鸡片、2. 香茜烩白玉、3. 成都蛋汤）		考核时间			40 min		

评价要素		配分	等级	评分细则	评定等级					得分
					A	B	C	D	E	
2	1. 色泽鲜明光亮 2. 豆腐成形均匀、辅料成形相配 3. 咸鲜味适中 4. 质感滑嫩 5. 芡汁均匀适度，蛋清数量适宜 6. 装盆美观整洁	10	A	6 点全符合要求						
			B	第 6 点不符合要求						
			C	第 1、6 点不符合要求						
			D	第 2、3、5 点不符合要求						
			E	差或未答题						
3	1. 汤色奶白澄清 2. 主辅料搭配恰当 3. 咸鲜味适宜 4. 蛋饼软糯香，色深黄不焦 5. 装碗汤量合理	8	A	5 点全符合要求						
			B	第 5 点不符合要求						
			C	第 1、5 点不符合要求						
			D	第 1、2、3 点不符合要求						
			E	差或未答题						
4	1. 工作衣帽穿戴整齐 2. 操作规范动作熟练 3. 个人卫生情况良好 4. 操作前后主动清理灶台，符合卫生要求	2	A	第 1~4 点符合要求						
			B	第 2、3、4 点符合要求						
			C	第 3、4 点符合要求						
			D	第 1 点符合要求						
			E	差或未答题						
合计配分		30			合计得分					

等级	A（优）	B（良）	C（及格）	D（较差）	E（差或未答题）
比值	1.0	0.8	0.6	0.2	0

"评价要素"得分＝配分×等级比值。

家庭常见花木养护

一、家庭常见花木的分类和摆放（试题代码：3.2.1；考核时间：20 min）

1. 试题单

（1）操作条件

1）家庭常见各种植物：罗汉松、五针松、杜鹃、茶花、君子兰、文竹、菊花、梅花、海棠、桂花、石榴、巴西木、绿萝、发财树、散尾葵。

2）家庭场景：阳台场景（注明朝向：朝南的、朝东北的）、庭院场景、室内场景。

（2）操作内容

对家庭常见植物进行分类，并分别摆放到合适的场景中。

（3）操作要求

1）将适合朝南阳台生长的植物摆放到朝南阳台场景中。

2）将适合东北朝向阳台生长的植物摆放到东北朝向阳台场景中。

3）将适合室内生长的植物摆放到室内场景中。

4）将适合庭院生长的植物摆放到庭院场景中。

2. 评分表

试题代码及名称			3.2.1　家庭常见花木的分类和摆放	考核时间			20 min		
评价要素	配分	等级	评分细则	评定等级					得分
				A	B	C	D	E	
1　将适合朝南阳台生长的植物摆放到朝南阳台场景中	3	A	完全正确						
		B	—						
		C	1 个正确						
		D	—						
		E	差或未答题						

续表

评价要素		配分	等级	评分细则	评定等级 A	B	C	D	E	得分
试题代码及名称			3.2.1	家庭常见花木的分类和摆放		考核时间		20 min		
2	将适合东北朝向阳台生长的植物摆放到东北朝向阳台场景中	4	A	完全正确						
			B	3个以上正确						
			C	2个正确						
			D	1个正确						
			E	差或未答题						
3	将适合室内生长的植物摆放到室内场景中	4	A	完全正确						
			B	3个以上正确						
			C	2个正确						
			D	1个正确						
			E	差或未答题						
4	将适合庭院生长的植物摆放到庭院场景中	4	A	完全正确						
			B	3个以上正确						
			C	2个正确						
			D	1个正确						
			E	差或未答题						
合计配分		15		合计得分						

等级	A（优）	B（良）	C（及格）	D（较差）	E（差或未答题）
比值	1.0	0.8	0.6	0.2	0

"评价要素"得分＝配分×等级比值。

二、家庭常见花木的叶面保洁（试题代码：3.3.1；考核时间：20 min）

1. 试题单

（1）操作条件

1）家庭常见各种植物：巴西木、散尾葵等。

2）清洁工具：洒水壶、水桶、抹布。

（2）操作内容

对家庭常见植物进行叶面清洁。

（3）操作要求

1）用洒水壶喷洒叶面。

2）用清洁柔软的抹布小心地擦拭叶片表面的灰尘，保持叶面清洁。

2. 评分表

试题代码及名称		3.3.1　家庭常见花木的叶面保洁			考核时间		20 min				
评价要素		配分	等级	评分细则	评定等级					得分
					A	B	C	D	E	
1	1. 选择正确的洒水壶 2. 使用洒水壶喷洒叶面的方法正确	4	A	2 点符合						
			B	—						
			C	1 点符合						
			D	—						
			E	差或未答题						
2	1. 选择柔软的抹布 2. 有序擦拭 3. 动作小心轻柔 4. 不折伤叶片	7	A	4 点符合						
			B	3 点符合						
			C	2 点符合						
			D	1 点符合						
			E	差或第 4 点不符合						
3	1. 地面无水渍 2. 工具归位	4	A	2 点符合						
			B	—						
			C	1 点符合						
			D	—						
			E	差或未答题						
合计配分		15		合计得分						

等级	A（优）	B（良）	C（及格）	D（较差）	E（差或未答题）
比值	1.0	0.8	0.6	0.2	0

"评价要素"得分＝配分×等级比值。

❖ 家庭保健 ❖

一、测量血压（试题代码：4.1.1；考核时间：8 min）

1. 试题单

（1）操作条件

1）自身准备、用物准备、测量对象准备完成时进入考试。

2）用物准备：血压计、听诊器。

（2）操作内容

1）操作前血压计和听诊器的检查。

2）通过沟通取得测量对象的配合。

3）正确进行上肢动脉血压测量。

4）准确报出测量的血压数值（误差小于±4 mmHg）。

5）正确保管血压计。

（3）操作要求

1）以人为本，尊重测量对象。

2）操作规范有序，动作准确。

3）测量结果准确。

4）无原则性错误。

2. 评分表

	评价要素	配分	等级	评分细则	评定等级					得分
					A	B	C	D	E	
1	操作前准备 1. 无长指甲、不戴戒指、洗手（口述） 2. 物品准备齐全 3. 解释，取得测量对象的合作 4. 嘱测量对象休息 15 min	3	A	全部正确						
			B	3 点正确						
			C	2 点正确						
			D	1 点正确者，长指甲、戴戒指、不洗手						
			E	差或未答题						

续表

评价要素		配分	等级	评分细则	评定等级					得分
					A	B	C	D	E	
2	测量血压操作 1 1. 检查血压计是否处在"0"点处。橡皮胶管和输气球是否漏气 2. 放平血压计，打开水银槽开关、驱净袖带内空气，血压计"0"点与肱动脉、心脏处于同一水平位 3. 测量对象取坐位，暴露上臂 4. 袖带平整无折缠于上臂，下缘距肘部 20～30 mm，松紧以插入一个手指为宜 5. 戴听诊器，听诊器头端紧贴肱动脉处，轻轻加以固定	4	A	全部正确						
			B	4 点正确						
			C	3 点正确						
			D	1. 2 点正确 2. 测量部位不准确						
			E	差或未答题						
3	测量血压操作 2 1. 打气，至肱动脉搏动音消失后汞柱再升高 20～30 mm 2. 放气，使汞柱缓慢下降（4 mmHg/s） 3. 打气放气不过猛 4. 听血压，正确读出测定的收缩压与舒张压 5. 取下袖带，排尽余气，协助测量对象整理衣服	5	A	操作全部正确						
			B	4 点正确						
			C	3 点正确						
			D	1. 血压值测量不正确 2. 2 点正确						
			E	差或未答题						
4	操作后整理 1. 整理血压计，向左倾斜 45°，关水银槽开关，关盒 2. 自己洗手	3	A	全部正确						
			B	—						
			C	—						
			D	不会整理血压计						
			E	差或未答题						
合计配分		15		合计得分						

等级	A（优）	B（良）	C（及格）	D（较差）	E（差或未答题）
比值	1.0	0.8	0.6	0.2	0

"评价要素"得分＝配分×等级比值。

评分细则参考答案尽量将细则内容写在上面的表格内，写不下可另写，但要具体可评判。

常用英语会话

一、自我介绍（试题代码：5.1.1；考核时间：5 min）

1. 试题单

（1）操作条件

采用考评员与考生对话的形式进行考评。

（2）操作内容

1）A：What is your name?

B：My name is ...

2）A：How old are you?

B：I am ...（years old）.

3）A：Where are you from?

B：I am from ...

4）A：What can you do?

B：I can do cleaning, washing, cooking and so on.

5）A：Have you worked as a housemaid before?

B：Yes, I have worked as a housemaid before.

或 No, I haven't worked as a housemaid before.

（3）操作要求

1）对话的正确性。

2）对话的流畅性。

2. 评分表

试题代码及名称				5.1.1　自我介绍						考核时间		5 min
评价要素		配分	等级	评分细则		评定等级						得分
						A	B	C	D	E		
1	A：What is your name? B：My name is ...	2	A	回答正确，流畅								
			B	—								
			C	回答正确，欠流畅								
			D	—								
			E	差或未答题								
2	A：How old are you? B：I am ... (years old).	2	A	回答正确，流畅								
			B	—								
			C	回答正确，欠流畅								
			D	—								
			E	差或未答题								
3	A：Where are you from? B：I am from ...	2	A	回答正确，流畅								
			B	—								
			C	回答正确，欠流畅								
			D	—								
			E	差或未答题								
4	A：What can you do? B：I can do cleaning, washing, cooking and so on.	2	A	回答正确，流畅								
			B	—								
			C	回答正确，欠流畅								
			D	—								
			E	差或未答题								
5	A：Have you worked as a housemaid before? B：Yes, I have worked as a housemaid before. 或 No, I haven't worked as a housemaid before.	2	A	回答正确，流畅								
			B	—								
			C	回答正确，欠流畅								
			D	—								
			E	差或未答题								
合计配分		10		合计得分								

等级	A（优）	B（良）	C（及格）	D（较差）	E（差或未答题）
比值	1.0	0.8	0.6	0.2	0

"评价要素"得分＝配分×等级比值。

二、询问饮食（试题代码：5.2.1；考核时间：5 min）

1. 试题单

（1）操作条件

采用考评员与考生对话的形式进行考评。

（2）操作内容

1）A：Have a cup of tea.

B：OK，thanks.

2）A：When can we have dinner?

B：We can have dinner at seven o'clock.

3）A：Where shall we have dinner?

B：Let's go to the restaurant.

4）A：What's for dinner?

B：We will have roast beef and potatoes.

5）A：Do you want tea or whisky?

B：Whisky/tea，please.

（3）操作要求

1）对话的正确性。

2）对话的流畅性。

2. 评分表

试题代码及名称				5.2.1　询问饮食	考核时间			5 min		
评价要素	配分	等级	评分细则		评定等级					得分
					A	B	C	D	E	
1	A：Have a cup of tea. B：OK，thanks.	2	A	回答正确，流畅						
			B	—						
			C	回答正确，欠流畅						
			D	—						
			E	差或未答题						

试题代码及名称				5.2.1　询问饮食	考核时间					5 min	

评价要素		配分	等级	评分细则	评定等级					得分
					A	B	C	D	E	
2	A：When can we have dinner? B：We can have dinner at seven o'clock.	2	A	回答正确，流畅						
			B	—						
			C	回答正确，欠流畅						
			D	—						
			E	差或未答题						
3	A：Where shall we have dinner? B：Let's go to the restaurant.	2	A	回答正确，流畅						
			B	—						
			C	回答正确，欠流畅						
			D	—						
			E	差或未答题						
4	A：What's for dinner? B：We will have roast beef and potatoes.	2	A	回答正确，流畅						
			B	—						
			C	回答正确，欠流畅						
			D	—						
			E	差或未答题						
5	A：Do you want tea or whisky? B：Whisky/tea, please.	2	A	回答正确，流畅						
			B	—						
			C	回答正确，欠流畅						
			D	—						
			E	差或未答题						
合计配分		10		合计得分						

等级	A（优）	B（良）	C（及格）	D（较差）	E（差或未答题）
比值	1.0	0.8	0.6	0.2	0

"评价要素"得分＝配分×等级比值。

三、日常会话（试题代码：5.4.1；考核时间：5 min)

1. 试题单

（1）操作条件

采用考评员与考生对话的形式进行考评。

（2）操作内容

1）A：Glad to see you.

B：Glad to see you，too.

2）A：Thank you very much.

B：Not at all. /You are welcome.

3）A：What day is it today?

B：Tuesday.

4）A：What's the weather like today?

B：It's fine.

5）A：How are you?

B：Very well，thank you.

（3）操作要求

1）对话的正确性。

2）对话的流畅性。

2. 评分表

试题代码及名称			5.4.1 日常会话			考核时间		5 min	
评价要素	配分	等级	评分细则	评定等级					得分
				A	B	C	D	E	
1 A：Glad to see you. B：Glad to see you, too.	2	A	回答正确，流畅						
		B	—						
		C	回答正确，欠流畅						
		D	—						
		E	差或未答题						

续表

试题代码及名称				5.4.1　日常会话		考核时间		5 min			
评价要素		配分	等级	评分细则	评定等级						得分
					A	B	C	D	E		
2	A：Thank you very much. B：Not at all. /You are wel-come.	2	A	回答正确，流畅							
			B	—							
			C	回答正确，欠流畅							
			D	—							
			E	差或未答题							
3	A：What day is it today? B：Tuesday.	2	A	回答正确，流畅							
			B	—							
			C	回答正确，欠流畅							
			D	—							
			E	差或未答题							
4	A：What's the weather like today? B：It's fine.	2	A	回答正确，流畅							
			B	—							
			C	回答正确，欠流畅							
			D	—							
			E	差或未答题							
5	A：How are you? B：Very well，thank you.	2	A	回答正确，流畅							
			B	—							
			C	回答正确，欠流畅							
			D	—							
			E	差或未答题							
合计配分		10		合计得分							

等级	A（优）	B（良）	C（及格）	D（较差）	E（差或未答题）
比值	1.0	0.8	0.6	0.2	0

"评价要素"得分＝配分×等级比值

第5部分

理论知识考试模拟试卷及答案

家政服务员（四级）理论知识试卷

注 意 事 项

1. 考试时间：90 min。

2. 请首先按要求在试卷的标封处填写您的姓名、准考证号和所在单位的名称。

3. 请仔细阅读各种题目的回答要求，在规定的位置填写您的答案。

4. 不要在试卷上乱写乱画，不要在标封区填写无关的内容。

	一	二	总分
得分			

得分	
评分人	

一、判断题（第1题～第60题。将判断结果填入括号中。正确的填"√"，错误的填"×"。每题0.5分，满分30分）

1. 家政服务员只要道德观念正确，就能受到雇主的欢迎。　　　　　　　　　　（　　）

2. 家政服务员应了解雇主家的经济情况，并可作为提高家政服务员收入的依据。

　　　　　　　　　　　　　　　　　　　　　　　　　　　　　　　　（　　）

3. 优质洗衣粉也可用来洗涤真丝服装。（　　）

4. 羊毛衫、羊绒衫在洗衣机中洗涤时间越长越干净。（　　）

5. 衣服上的酱油渍可用冷水搓洗，再用洗涤剂清洗去除。（　　）

6. 衣物沾上血渍，应立即把衣物放入冷水中浸泡 2 h。（　　）

7. 白色真丝衬衫可用酒精进行干洗。（　　）

8. 织物在熨烫中所用的水量必须要适当，厚织物的用水量偏少，薄织物的用水量偏多。（　　）

9. 男衬衫衣领应先烫正面，再烫反面，然后趁热将领尖烫成拱形。（　　）

10. 鱼类及水产品的初步加工步骤都是一样的。（　　）

11. 发料的目的是使干制原料重新吸收水分，恢复原有状态。（　　）

12. 禽类的内脏都可食用，不能丢弃。（　　）

13. 一切食物中都含有丰富的营养素。（　　）

14. 环境卫生是引起食物中毒的主要原因。（　　）

15. 除了 3 月、5 月、10 月，其他时间不会发生细菌性食物中毒。（　　）

16. 冷水锅与沸水锅焯水的原料没有什么区别。（　　）

17. 蛋清浆稀稠度要根据原料、烹调方法、淀粉性能灵活掌握。（　　）

18. 根据淀粉的性能，决定芡汁的浓度以及芡汁用量。（　　）

19. 产后坚持母乳喂养有助于母亲子宫复旧。（　　）

20. 产后坚持夜间哺乳有助于提高泌乳量。（　　）

21. 新生儿不哭是正常现象。（　　）

22. 3 个月大的乳儿，活泼好动，衣着不宜再选择连体婴儿服。（　　）

23. 1～3 岁的婴幼儿免疫力低，急性传染病发病率高，应按时预防接种。（　　）

24. 指导参与幼儿游戏，成人应是游戏的主角。（　　）

25. 4～6 岁的幼儿正处在视力发育的关键期，应注意用眼卫生。（　　）

26. 一般小儿滴眼药可以扒开下眼睑滴入药液。（　　）

27. 给高热病人进行冷敷降温，合适的部位是前额、胸腹部、腋下。（　　）

28. 为防止感冒，居室内可以用食醋熏蒸的方法消毒空气。（　　）

29. 消化性溃疡主要指胃和十二指肠溃疡。 （　　）

30. 眼球表面有异物，应及时用手揉出。 （　　）

31. 气道异物引起窒息，应立即取半坐卧位。 （　　）

32. 发现有煤气中毒的人，应立即就地抢救，避免改变环境。 （　　）

33. 营养康复也是全身性康复的重要内容。 （　　）

34. 食具煮沸消毒时，应在水沸后将玻璃碗杯放入水中。 （　　）

35. 肺结核是一种由消化道传播的慢性传染病。 （　　）

36. 耐阴的观叶植物适宜在阳台上生长。 （　　）

37. 盆栽花木若发生轻微病虫害，就应马上喷药除虫，以免后患。 （　　）

38. 文竹宜在排水良好、肥沃、湿润的沙壤土上生长。 （　　）

39. 室内反射光线较强的位置是耐阴植物生长最适宜的地方。 （　　）

40. 仙客来盆栽喜透气疏松、排气良好的肥沃土壤。 （　　）

41. 水是植物光合作用的生命之源，是植物生长的要素之一。 （　　）

42. 猫按品种分为纯种猫和杂种猫，纯种猫需四代以上稳定遗传才行。 （　　）

43. 猫在床上或家具上排粪排尿，这往往是由于便盆太脏引起的。 （　　）

44. 孕妇养猫容易感染弓形虫病，会导致胎儿畸形、缺陷、疾病，甚至死亡。 （　　）

45. 狗属肉食动物，它不吃杂食或素食。 （　　）

46. 狗自发性攻击行为可能与遗传有关，或由于患脑炎而引起，应及时治疗。 （　　）

47. 狗病很容易感染给人类，家养爱犬时，应避免与犬接吻等过分亲热的行为。 （　　）

48. 水温失调、饲喂不当或操作失误，都是产生鱼病的原因。 （　　）

49. 基督教徒一般每星期到教堂做礼拜两次。 （　　）

50. 穆斯林喜爱饮茶，除了茶叶之外，还有加入各种配料的五香茶、八宝茶等。 （　　）

51. 基督教礼拜的程序通常为唱诗、读经、讲道、祈祷和祝福等。 （　　）

52. 农历五月十五为端午节。 （　　）

53. 基督教礼拜堂，在举行宗教活动时对非基督教徒是不开放的。 （　　）

54. 每一个成年穆斯林，不论健康状况如何，一生中至少要去麦加朝觐一次。 （　　）

55. 基督教禁忌"13"，任何场合都要注意避开。 （　　）

56. 鱼喜欢新鲜水，所以每天要换入新鲜的自来水。 （　　）

57. 一般雌狗性情比较温顺，对主人有感情而且忠诚。 （　　）

58. 猫不喜欢合群生活，当一只猫进入另一只猫的领地时，即相互追逐、殴斗。（　　）

59. 蜡梅喜阳光、喜肥、耐旱但不耐阴。 （　　）

60. 庭院种栽白玉兰、紫荆、桂花等植物后能使景观美丽、自然。 （　　）

得分	
评分人	

二、单项选择题（第 1 题～第 140 题。选择一个正确的答案，将相应的字母填入题内的括号中。每题 0.5 分，满分 70 分）

1. 社会公德是家政服务员在日常工作中应遵循的道德原则和（　　）。

　　A. 行为规范　　　　B. 处事原则　　　　C. 思想意识　　　　D. 工作标准

2. 家政服务员不慎损坏了雇主家的物品，首先应（　　）。

　　A. 说明原因　　　　B. 照价赔偿　　　　C. 表示歉意　　　　D. 赔偿道歉

3. 家政服务员在雇主家用餐应（　　）。

　　A. 同桌进餐　　　　B. 吃剩饭菜　　　　C. 少吃好菜　　　　D. 采取分餐制

4. 家政服务员招待宾客时，首次沏茶入杯（　　）倒满。

　　A. 不要　　　　　　B. 要　　　　　　　C. 必须　　　　　　D. 可以

5. 家政服务员无意中损坏了雇主的物品，隐瞒不报，是侵害了雇主的（　　）。

　　A. 人身权　　　　　B. 债权　　　　　　C. 财产权　　　　　D. 自主权

6. 妇女权益保障法对妇女权益作了（　　）的规定。

　　A. 特殊保护　　　　B. 全面保护　　　　C. 一般保护　　　　D. 片面保护

7. 洗涤白色丝绸的水温可略高，以（　　）℃为宜。

　　A. 40　　　　　　　B. 30　　　　　　　C. 50　　　　　　　D. 20

8. 中式丝绸服装的晾晒方法是（　　）。

　　A. 阳光暴晒　　　　B. 竹竿阴晾　　　　C. 衣架挂晒　　　　D. 铺平晒干

9. 洗涤羽绒服应选择在天气（　　）时进行。

　　A. 晴朗　　　　　　B. 阴凉　　　　　　C. 闷热　　　　　　D. 干燥

10. 羽绒服首先在洗衣机内洗（　　）min 左右，然后再重点刷洗衣服的袖子、袖口、下摆和前襟等部位。

    A. 50   B. 30   C. 40   D. 20

11. 刷洗动植物油渍时，要用毛巾或棉布将产生的污渍及时（　　）。

    A. 吸附   B. 擦拭   C. 去除   D. 以上均正确

12. 深色羊毛、丝绸等织物染色清洗时，先用软刷轻轻刷洗，去除浮色，然后用（　　）去除色底。

    A. 柠檬酸   B. 漂水   C. 洗涤剂   D. 用高压枪喷水

13. 衣服上的铁锈渍可用浓度为（　　）的温草酸液洗后再用清水漂净。

    A. 5％～10％   B. 3％～5％   C. 1％～2％   D. 10％～15％

14. 蛀虫是羊毛织品最大的破坏者，（　　）℃最适合蛀虫产卵孵化及幼虫的发育。

    A. 10～20   B. 22～35   C. 36～42   D. 5～10

15. 毛料服装干洗时，要先将重点污渍去除，然后用（　　）沾上汽油呈潮湿状，将衣服擦洗一遍。

    A. 小毛巾   B. 硬毛刷   C. 软毛刷   D. 牙刷

16. 在织物的熨烫过程中，（　　）能迫使纤维分子做定向排列，是织物熨烫不可缺少的环节。

    A. 冷却   B. 水分   C. 压力   D. 温度

17. 全棉织品直接熨烫温度应控制在（　　）℃。

    A. 175～195   B. 195～220   C. 220～240   D. 150～180

18. 羊毛织品垫干布熨烫温度应控制在（　　）℃。

    A. 185～200   B. 200～250   C. 130～150   D. 160～180

19. 蒸汽电熨斗的蒸汽是（　　）通电后才产生的。

    A. 加热   B. 加压   C. 加水   D. 以上均不正确

20. 家庭自备棉馒头一般长（　　）cm、宽 15 cm、厚 4 cm。

    A. 10   B. 15   C. 20   D. 25

21. 干洗的羊毛衣裤可用（　　）的方法烫熨整形。

　　A. 手工整形　　　　B. 套定型模板　　　C. 边烫边拉　　　　D. 蒸汽冲洗

22. 高级羊绒、羊毛衫裤洗后缩小，只要不（　　），通过熨烫都可以恢复其原来样子。

　　A. 缩绒　　　　　　B. 破损　　　　　　C. 褪色　　　　　　D. 变形

23. 水产品的种类繁多，初步加工方法较为（　　），必须认真细致地加以处理。

　　A. 简单　　　　　　B. 烦琐　　　　　　C. 复杂　　　　　　D. 单一

24. 加工家畜内脏及四肢，应将黏液、油脂、毛壳、（　　）和异味清除洗净。

　　A. 污物　　　　　　B. 血污　　　　　　C. 污水　　　　　　D. 尿液

25. 干贝每千克干料可涨发为（　　）kg 湿料。

　　A. 2～3　　　　　　B. 2～4　　　　　　C. 3～4　　　　　　D. 3～5

26. 下列原料中应用油发的是（　　）。

　　A. 木耳　　　　　　B. 香菇　　　　　　C. 海带　　　　　　D. 蹄筋

27. 蹄筋的半油半水发，即用油发到（　　）程度再改用水发。

　　A. 2/3　　　　　　B. 1/2　　　　　　C. 3/4　　　　　　D. 4/5

28. 海蜇有蜇头、蜇皮之分，每千克干料可涨发为（　　）kg 湿料。

　　A. 2～3　　　　　　B. 2～4　　　　　　C. 3～4　　　　　　D. 2～5

29. 人对（　　）的需求量虽然极微，但却绝对不可缺少。

　　A. 矿物质　　　　　B. 维生素　　　　　C. 脂肪　　　　　　D. 蛋白质

30. 食盐的主要功能之一是维持人体内（　　）的平衡。

　　A. 水　　　　　　　B. 血　　　　　　　C. 肝　　　　　　　D. 肾

31. 食入因储存（　　）而霉变的食物，会引起黄曲霉毒素中毒。

　　A. 时间较长　　　　B. 不妥　　　　　　C. 时间较短　　　　D. 以上均不正确

32. 烹饪后食物所含的（　　）因烹调中的物理作用会遭受到破坏、有所损失。

　　A. 维生素　　　　　B. 纤维素　　　　　C. 叶绿素　　　　　D. 营养素

33. 食物切后与（　　）的接触面积增大，食物中的有些维生素会被氧化破坏。

　　A. 空气　　　　　　B. 水分　　　　　　C. 油分　　　　　　D. 铁锅

34. 合理洗涤能减少微生物，除去寄生虫卵和泥沙，有利于（　　）卫生。

　　A. 环境　　　　　　B. 食品　　　　　　C. 炊具　　　　　　D. 水质

35. 上浆挂糊的作用之一是能保持并（　　）菜肴的营养成分。

    A. 影响　　　　　　B. 增加　　　　　　C. 减少　　　　　　D. 破坏

36. 按淀粉在水中（　　）时水与淀粉比例不同，芡汁可分厚芡、薄芡两大类。

    A. 糊化　　　　　　B. 分化　　　　　　C. 分解　　　　　　D. 溶解

37. 发粉糊是先将面粉和淀粉同时化开，再加入足量清水、（　　）、盐调匀，拌入食油。

    A. 苏打粉　　　　　B. 食碱粉　　　　　C. 发酵粉　　　　　D. 糯米粉

38. 拍粉拖蛋糊与（　　）相同，拍粉后拖蘸蛋液，随即进行初步熟处理或正式烹调。

    A. 水粉糊　　　　　B. 拍粉糊　　　　　C. 发粉糊　　　　　D. 全蛋糊

39. 产后盗汗一般不需（　　）。

    A. 药物治疗　　　　　　　　　　　B. 防止感冒发生

    C. 做好皮肤护理　　　　　　　　　D. 及时更换衣服被褥

40. 夏季产妇的休养环境不合适的是（　　）。

    A. 早晚2次通风　　　　　　　　　B. 不能使用空调电扇

    C. 减少亲友探访　　　　　　　　　D. 采用湿润拖把、抹布清洁地面、家具

41. 产妇的个人卫生是防止（　　）的重要措施。

    A. 产后脱发　　　B. 产褥感染　　　C. 产后便秘　　　D. 产后盗汗

42. 新生儿出现乳腺增大，在（　　）天内属于正常现象。

    A. 28　　　　　　　B. 4～7　　　　　C. 8～15　　　　　D. 14～28

43. 给新生儿使用热水袋，正确的是（　　）。

    A. 水温50℃　　　　　　　　　　　B. 灌水1/3满

    C. 置于新生儿脚后　　　　　　　　D. 热水袋出水口面对新生儿

44. 防止新生儿脐炎，合理的措施是（　　）。

    A. 使用1次性尿布　　　　　　　　B. 包扎脐部

    C. 洗澡后清洁消毒脐部　　　　　　D. 勤换尿布

45. 4～6个月的乳儿睡眠特点是（　　）。

    A. 大部分时间处于睡眠状态　　　　B. 白天睡眠时间长

C. 形成白天醒、晚上睡的作息规律　　　D. 每天睡眠 9 h 左右

46. 4～6 岁的幼儿学习使用筷子不成功，应（　　）。

　　A. 鼓励继续尝试　　　　　　　　　　B. 改用调羹

　　C. 不断批评　　　　　　　　　　　　D. 顺其自然

47. 1～3 岁婴幼儿饮食制作时，不恰当的是（　　）。

　　A. 花卷要小巧　　　B. 面条要软烂　　　C. 带鱼要油炸　　　D. 花生可制成泥或酱

48. 孩子到（　　）个月后手的功能有很好的发展，可以鼓励孩子自己拿食物吃。

　　A. 2　　　　　　　　B. 3　　　　　　　　C. 5　　　　　　　　D. 7

49. 小儿接种疫苗前，不需要的准备是（　　）。

　　A. 空腹　　　　　　　　　　　　　　B. 洗澡

　　C. 了解有无发热感冒　　　　　　　　D. 了解是否是过敏体质

50. 给小儿服药，不宜采用的方法为（　　），以免呛咳。

　　A. 用盛药小勺送入患儿口内，压住舌头，待咽下后取出

　　B. 小儿半卧，固定手足，将药杯紧贴患儿嘴边，使其流入口中，待吞咽后取走药杯

　　C. 捏紧鼻孔将药液灌入嘴内

　　D. 用拇指和食指捏住患儿双颊，使其吞咽

51. 小儿感冒引起的发热，可以采用的降温措施是（　　）。

　　A. 使用抗生素　　　　　　　　　　　B. 加大退烧药剂量

　　C. 使用浓度为 75% 的酒精擦浴　　　　D. 额部冷敷

52. 心因性头痛病人不恰当的护理措施是（　　）。

　　A. 定时给予止痛剂　　　　　　　　　B. 调节体位，减少紧张情绪

　　C. 调节卧姿和枕头的高度　　　　　　D. 太阳穴等局部按摩，帮助放松

53. 病人出现喷射状呕吐多见于（　　）。

　　A. 脑压增高　　　B. 消化不良　　　C. 胃肠炎　　　D. 胃溃疡

54. 腹泻病人肛门周围皮肤护理正确的做法是（　　）。

　　A. 及时用温水清洁局部，保持干燥　　B. 皮肤皱褶处用力清洗，去除污垢

C. 常规涂抗生素软膏　　　　　　　　D. 必要时进行冷敷

55. 不属于肺炎球菌肺炎病人的临床表现是（　　）。

A. 起病缓慢　　　　B. 寒战高热　　　　C. 咳嗽咳痰　　　　D. 胸痛头痛

56. 高血压病人可以饮用的饮料是（　　）。

A. 酒　　　　　　　B. 咖啡　　　　　　C. 浓茶　　　　　　D. 牛奶

57. 心绞痛发作，硝酸甘油片正确的使用方法是（　　）。

A. 温水吞服　　　　　　　　　　　　　B. 舌下含服

C. 碾碎后加水放鼻子前吸入　　　　　　D. 用茶水吞服

58. 糖尿病人有饥饿感，可以补充的食物是（　　）。

A. 蔬菜　　　　　　B. 西瓜　　　　　　C. 蛋糕　　　　　　D. 粥

59. 卧床不起的老年痴呆症患者，不恰当的护理是（　　）。

A. 使用床挡，保证安全　　　　　　　　B. 每4 h翻身1次

C. 定时进行肢体功能训练　　　　　　　D. 保持皮肤清洁，防止褥疮

60. 鼻出血止血，不正确的方法是（　　）。

A. 取半坐位　　　　　　　　　　　　　B. 额部冷敷

C. 棉球填塞鼻孔　　　　　　　　　　　D. 给予热饮

61. 在运送脊柱骨折患者过程中，病人应（　　）于硬板床上。

A. 侧卧　　　　　　B. 平卧　　　　　　C. 俯卧　　　　　　D. 半卧

62. 心肺复苏的有效指征不包括（　　）。

A. 大动脉摸到搏动　　　　　　　　　　B. 口唇转红

C. 角膜湿润　　　　　　　　　　　　　D. 血压100/70 mmHg

63. 按摩和被动运动交替进行可以预防（　　）。

A. 关节变形和功能障碍　　　　　　　　B. 骨折

C. 皮下出血　　　　　　　　　　　　　D. 皮肤感染

64. 发财树、散尾葵、绿萝、南洋杉等是属于（　　）植物，不宜在阳台上生长。

A. 耐阴观叶　　　　B. 阳性观花　　　　C. 喜阳　　　　　　D. 耐干耐旱

65. 翻盆换土非常重要，一般花卉（　　）年换一次盆。

A. 1～2　　　　B. 2～3　　　　C. 3～4　　　　D. 4～5

66. 不适宜在室内生长的花木有（　　）。

A. 南洋杉　　　B. 茶花　　　　C. 针葵　　　　D. 龟背竹

67. 室内观叶植物的水分蒸发较慢，水浇多了易引起烂根，也容易（　　）。

A. 落叶　　　　B. 发生病虫害　C. 死亡　　　　D. 疯长

68. 当气温持续超过（　　）℃时，仙人球进入"夏休眠"，此时应防日灼、防雨淋。

A. 25　　　　　B. 5　　　　　　C. 15　　　　　D. 30

69. 植物光合作用的能源是（　　），能促进植物茁壮成长。

A. 肥料　　　　B. 水分　　　　C. 阳光　　　　D. 温度

70. 能促使植物枝叶繁茂的肥料是（　　）。

A. 堆肥　　　　B. 氮肥　　　　C. 磷肥　　　　D. 钾肥

71. 养猫用具包括猫窝、喂食用具、饮水用具、（　　）、铺垫物、消毒液等。

A. 脸盆　　　　B. 脚盆　　　　C. 澡盆　　　　D. 便盆

72. 猫出生后（　　）周即可逐步调教在指定地方大小便。

A. 2　　　　　　B. 6　　　　　　C. 4　　　　　　D. 8

73. （　　）个月左右并处于初发情期的猫，有可能出现"异食癖"。

A. 2　　　　　　B. 4　　　　　　C. 6　　　　　　D. 8

74. 母猫因惊恐缺乏母性，有（　　），对此应给猫补充营养并进行精心护理。

A. 异食癖　　　B. 攻击性　　　C. 吃仔癖　　　D. 抢食癖

75. 狗的视野开阔，暗视力比较灵敏，但狗眼的调节能力只及人的（　　）。

A. 1/2　　　　　B. 1/3　　　　　C. 1/4　　　　　D. 1/5

76. 养狗用具包括狗舍、盛食物的盘碟，洗澡用的肥皂、梳子、刷子以及（　　）等。

A. 洗涤液　　　B. 玩具　　　　C. 垫子　　　　D. 清洁剂

77. 训练者应对狗（　　），使狗对人产生依恋感，这是训练成功的最基本条件。

A. 亲热　　　　B. 友善　　　　C. 严厉　　　　D. 爱护

78. 有的狗对打雷闪电、爆竹声等表现出恐惧，可通过（　　）逐步使狗克服恐惧行为。

A. 安抚鼓励　　　　B. 不予理睬　　　　C. 严厉惩罚　　　　D. 食物奖励

79. 对狗表现出的各种撒娇行为可采取让狗（　　）的措施，经过较长时间调教，狗的撒娇行为可望消除。

　　A. 吃东西　　　　B. 奔跑　　　　C. 独自待着　　　　D. 散步

80. 我国的金鱼约有（　　）余种，可分龙睛鱼系、丹凤鱼系、蛋种鱼系三大品系。

　　A. 200　　　　B. 100　　　　C. 300　　　　D. 400

81. 将自来水放于水桶中，在室内放（　　）天左右，可达除氯效果。

　　A. 7　　　　B. 5　　　　C. 3　　　　D. 9

82. 每天给鱼喂食都应喂（　　）分饱，投料次数和投喂量应根据鱼种特性科学设计。

　　A. 7　　　　B. 8　　　　C. 6　　　　D. 3

83. 大多数鸟每年换羽一次，换羽需要（　　）周。

　　A. 1～2　　　　B. 5～8　　　　C. 3～4　　　　D. 2～5

84. 新捉来的鸟，开始喂养的几周内，喂饲应（　　），由同一人同一食具饲喂。

　　A. 按需喂养　　　　B. 固定时间　　　　C. 随意喂养　　　　D. 不固定时间

85. 佛教除了忌肉食外，还应注意在菜肴中不要加入（　　）等荤类佐料。

　　A. 酱　　　　B. 醋　　　　C. 油　　　　D. 葱、蒜、辣椒

86. 基督教中仅次于圣诞节的一个重大节日是（　　）节。

　　A. 狂欢　　　　B. 愚人　　　　C. 复活　　　　D. 元旦

87. 佛教是世界三大宗教之一，至今已有（　　）余年的历史。

　　A. 2 000　　　　B. 2 500　　　　C. 1 500　　　　D. 1 000

88. 佛教有不着色彩衣服，不用化妆品，不视听歌舞，不睡高床，不过午食，不蓄（　　）等戒律。

　　A. 粮食　　　　B. 蔬果　　　　C. 财宝　　　　D. 柴火

89. 中国以农历（　　）为佛成道日，佛寺于该日举行隆重的法会，以示纪念。

　　A. 八月初八　　　　B. 四月初八　　　　C. 六月初八　　　　D. 十二月初八

90. 伊斯兰教最基本、最重要的信仰是笃信（　　）。

　　A. 真主安拉　　　　B. 耶稣　　　　C. 圣母　　　　D. 救世主

91. "（　　）" "死"等都是穆斯林所忌讳的词汇。

　　A. 生　　　　　　B. 杀　　　　　　C. 卖　　　　　　D. 买

92. 春节是我国民间（　　）、最热闹的传统节日，相传从尧舜时代沿袭至今。

　　A. 最隆重　　　　B. 最开放　　　　C. 最自由　　　　D. 最重要

93. 元宵节又称"上元节"，定在农历正月（　　）日。

　　A. 十六　　　　　B. 十五　　　　　C. 十四　　　　　D. 十八

94. 清明节人们要携带酒食果品、（　　）等物品到墓地，供祭亲人墓前，叩头行礼祭拜。

　　A. 金钱　　　　　B. 纸钱　　　　　C. 美元　　　　　D. 人民币

95. （　　）民间有祭月、拜月、赏月之风，还有吃月饼、饮桂花酒的习俗。

　　A. 端午节　　　　B. 重阳节　　　　C. 元宵节　　　　D. 中秋节

96. 重阳节时人们出游赏景、登高远眺、观赏菊花、吃（　　）、饮菊花酒等，活动多彩浪漫。

　　A. 元宵　　　　　B. 重阳糕　　　　C. 饺子　　　　　D. 年糕

97. 一般佛教徒见面多以（　　）为礼，表示敬意。

　　A. 抱拳　　　　　B. 鞠躬　　　　　C. 握手　　　　　D. 合十

98. 穆斯林举行宗教仪式、传播宗教知识的圣洁之地是（　　）。

　　A. 教堂　　　　　B. 清真寺　　　　C. 寺庙　　　　　D. 礼堂

99. 基督教以（　　）为根本经典，以上帝为唯一崇拜对象。

　　A. 教义　　　　　B. 圣经　　　　　C. 基督　　　　　D. 圣母

100. 笼养鸟好动善鸣，只有当体力（　　）时，才会停止运动或鸣叫。

　　A. 减退　　　　　B. 不足　　　　　C. 消耗殆尽　　　　D. 疲倦

101. 任何鸟笼、鸟舍都需要（　　）根栖木，以供笼鸟站立、休息。

　　A. 1～2　　　　　B. 4～5　　　　　C. 3～4　　　　　D. 5～6

102. 猫出生后（　　）周已具备独立生活的能力，即可断奶。

　　A. 1～2　　　　　B. 2～3　　　　　C. 4～5　　　　　D. 6～8

103. 猫是以（　　）为主的杂食动物。

A. 素食　　　　　B. 鱼食　　　　　C. 肉食　　　　　D. 鸟食

104. 石榴适宜在湿润、肥沃、排水良好的石灰质（　　）上生长。

A. 黏土　　　　　B. 沙壤土　　　　C. 沙土　　　　　D. 黄土

105. 促使根系健壮的肥料是（　　）。

A. 磷　　　　　　B. 钾　　　　　　C. 氮　　　　　　D. 镁

106. 夏季，阳台上的花木每天早晚浇水（　　）次，如果阴天或下雨，视具体情况而定。

A. 1　　　　　　B. 2　　　　　　C. 3　　　　　　D. 4

107. 预防甲型肝炎最主要的措施是（　　）。

A. 消灭肝炎病毒　　　　　　　　　B. 注意居室通风

C. 不随地吐痰　　　　　　　　　　D. 注意饮食卫生

108. 菌痢病人最典型的粪便是（　　）。

A. 水样便　　　　B. 灰白色大便　　C. 脓血黏液便　　D. 柏油便

109. 影响日光暴晒消毒效果的是（　　）。

A. 保证阳光直射 6 h　　　　　　　B. 定时翻动

C. 注意通风　　　　　　　　　　　D. 被褥表面用白布遮盖

110. 语言康复训练时，不正确的是（　　）。

A. 要求小声说话

B. 要求发音准确

C. 在唇部涂蜂蜜用舌舔，训练舌唇动作

D. 练习唱歌提高发音能力

111. 脑血管意外病人应避免食用（　　）。

A. 水果　　　　　B. 蔬菜　　　　　C. 鱼虾　　　　　D. 动物内脏

112. 咳嗽的原因一般不包括（　　）。

A. 呼吸道疾病　　B. 心血管疾病　　C. 消化道疾病　　D. 过敏性疾病

113. 预防麻疹的最主要措施是（　　）。

A. 增减衣着防止感冒　　　　　　　B. 接种麻疹疫苗

C. 增强户外活动　　　　　　　　D. 增强营养

114. 水痘是由病毒引起的传染性疾病，一般通过（　　）传播。

　　A. 水源　　　　B. 食物　　　　C. 空气　　　　D. 血液

115. 避免小儿肺炎患儿呛奶，应注意（　　）。

　　A. 喂奶次数要少　　　　　　　B. 喂奶速度要慢

　　C. 奶液温度要高　　　　　　　D. 配制奶液浓度要高

116. 佝偻病的早期表现为（　　）。

　　A. 鸡胸　　　　　　　　　　　B. 罗圈儿腿

　　C. 盗汗、枕秃、夜惊　　　　　D. 肋骨外翻

117. 给 2～3 岁婴幼儿安排游戏应注意（　　）。

　　A. 以讲故事为主　　　　　　　B. 游戏复杂一些

　　C. 游戏时间长一些　　　　　　D. 动静交替

118. 小儿使用肛表测量体温时，正确的做法是（　　）。

　　A. 将体温表甩至 37℃ 以下　　B. 涂少量油类润滑水银端

　　C. 插入肛门 4～5 cm　　　　　D. 测量时间为 10 min

119. 小儿湿疹护理，不合适的做法是（　　）。

　　A. 乳母忌食鱼腥类食物　　　　B. 不滥用偏方

　　C. 用香皂和热水清洁患处　　　D. 如饮用牛奶，延长煮沸时间

120. 4～6 个月的婴儿，食物应以（　　）为主。

　　A. 粥　　　　B. 米饭　　　　C. 奶　　　　D. 果菜汁

121. 3 个月以内的乳儿喂养原则是（　　）。

　　A. 按需哺乳　　　B. 按时哺乳　　　C. 定量哺乳　　　D. 人工喂养

122. 不适宜做新生儿尿布的是（　　）。

　　A. 粉色棉质旧床单　　　　　　B. 白色棉质旧床单

　　C. 紫色棉质旧床单　　　　　　D. 淡黄棉质旧床单

123. 乳母奶量不足，可以选择的食物是（　　）。

　　A. 乌梅汤　　　B. 麦乳精　　　C. 酒酿　　　D. 大麦茶

124. 产后饮食应注意（　　）。

    A. 适量，杂、稀、软为主　　　　　　B. 增 2/5 饭量，杂、稀、软为主

    C. 适量，炸煎烤为主　　　　　　　　D. 适量，增加刺激食欲的辛辣食物

125. 哺乳前产妇应用（　　）清洁乳头。

    A. 肥皂液　　　　B. 酒精　　　　C. 熟水　　　　D. 洗手液

126. 乳头皲裂护理措施不恰当的是（　　）。

    A. 哺乳时先吸健侧乳房

    B. 改变哺乳姿势

    C. 哺乳结束后用 1~2 滴乳汁涂于乳头

    D. 停止母乳喂养

127. 腌的方法能使原料内的（　　）排除，使原料入味。

    A. 水分　　　　B. 油分　　　　C. 营养　　　　D. 糖分

128. 勾芡的作用之一，是能丰富菜肴的色泽、形态，保持菜肴（　　）。

    A. 硬度　　　　B. 温度　　　　C. 形态　　　　D. 湿度

129. 先用清水将淀粉化开，再加入适量清水，调制成较为（　　）的糊状，即成水粉糊。

    A. 浓稠　　　　B. 稀释　　　　C. 黏稠　　　　D. 透明

130. 水粉浆是先用清水将（　　）化开，再加入适量清水、料酒、胡椒粉、盐调匀。

    A. 面粉　　　　B. 米粉　　　　C. 淀粉　　　　D. 发粉

131. （　　）适用于体形细小、质地较嫩的动植物性原料。

    A. 炸油　　　　B. 滑油　　　　C. 爆油　　　　D. 冲油

132. （　　）是将原料放在配好的卤汁中煮。

    A. 酱　　　　B. 冻　　　　C. 拌　　　　D. 卤

133. 烹调食物时，加热可使维生素（　　）而遭到破坏或流失。

    A. 糊化　　　　B. 凝固　　　　C. 分解　　　　D. 水解

134. 合理烹饪是保证膳食质量和提高（　　）水平的重要环节之一。

    A. 烹调　　　　B. 营养　　　　C. 管理　　　　D. 配菜

135. 烹调蔬菜，要尽可能"旺火急炒"，不宜过早加盐，减少原料中（　　）的损失。

　　A. 维生素 B　　　　B. 维生素 C　　　　C. 维生素 D　　　　D. 维生素 A

136. 患肠道传染病和化脓性疾病者应调离（　　），及时治疗。

　　A. 岗位　　　　　　B. 厨房　　　　　　C. 单位　　　　　　D. 以上均不正确

137. 食物中毒分为细菌性、有毒动植物、（　　）和霉菌毒素食物中毒。

　　A. 物理性　　　　　B. 广泛性　　　　　C. 化学性　　　　　D. 传染性

138. （　　）还有解毒、降低血清胆固醇和抗癌的作用。

　　A. 维生素 A　　　　B. 维生素 B　　　　C. 维生素 C　　　　D. 维生素 D

139. （　　）供给热量，其含氧比例小，因此比糖发热量要高。

　　A. 盐　　　　　　　B. 脂肪　　　　　　C. 蛋白质　　　　　D. 矿物质

140. 构造机体，修补（　　）是营养素的重要生理功能之一。

　　A. 皮肤　　　　　　B. 心脏　　　　　　C. 组织　　　　　　D. 骨骼

家政服务员（四级）理论知识试卷答案

一、判断题（第1题～第60题。将判断结果填入括号中。正确的填"√"，错误的填"×"。每题0.5分，满分30分）

1. ×	2. ×	3. ×	4. ×	5. √	6. ×	7. √	8. ×	9. ×
10. ×	11. √	12. ×	13. ×	14. ×	15. ×	16. ×	17. √	18. √
19. √	20. √	21. ×	22. √	23. √	24. ×	25. √	26. ×	27. √
28. √	29. √	30. ×	31. ×	32. ×	33. √	34. ×	35. ×	36. ×
37. ×	38. √	39. √	40. ×	41. ×	42. ×	43. √	44. √	45. ×
46. ×	47. √	48. √	49. ×	50. √	51. √	52. ×	53. ×	54. ×
55. √	56. ×	57. ×	58. √	59. ×	60. √			

二、单项选择题（第1题～第140题。选择一个正确的答案，将相应的字母填入题内的括号中。每题0.5分，满分70分）

1. A	2. C	3. D	4. A	5. C	6. A	7. A	8. B	9. A
10. D	11. A	12. A	13. C	14. B	15. A	16. C	17. A	18. A
19. C	20. D	21. A	22. A	23. C	24. A	25. A	26. D	27. B
28. B	29. B	30. A	31. B	32. D	33. A	34. B	35. B	36. A
37. C	38. B	39. A	40. B	41. B	42. B	43. A	44. C	45. C
46. A	47. C	48. D	49. A	50. C	51. D	52. A	53. A	54. A
55. A	56. B	57. B	58. A	59. B	60. D	61. B	62. B	63. A
64. A	65. B	66. B	67. B	68. A	69. C	70. B	71. C	72. C
73. C	74. C	75. B	76. B	77. B	78. A	79. B	80. C	81. C
82. B	83. B	84. B	85. D	86. C	87. B	88. C	89. B	90. A
91. B	92. A	93. B	94. B	95. D	96. B	97. D	98. B	99. B
100. C	101. A	102. D	103. C	104. A	105. B	106. B	107. D	108. C

109. D	110. A	111. D	112. C	113. B	114. C	115. B	116. C	117. D
118. B	119. C	120. C	121. A	122. C	123. C	124. A	125. C	126. D
127. A	128. B	129. A	130. C	131. B	132. D	133. B	134. C	135. B
136. B	137. C	138. C	139. B	140. C				

第 6 部分

操作技能考核模拟试卷

注 意 事 项

1. 考生根据操作技能考核通知单中所列的试题做好考核准备。

2. 请考生仔细阅读试题单中具体考核内容和要求，并按要求完成操作或进行笔答或口答，若有笔答请考生在答题卷上完成。

3. 操作技能考核时要遵守考场纪律，服从考场管理人员指挥，以保证考核安全顺利进行。

注：操作技能鉴定试题评分表及答案是考评员对考生考核过程及考核结果的评分记录表，也是评分依据。

国家职业资格鉴定

家政服务员（四级）操作技能考核通知单

姓名：

准考证号：

考核日期：

试题 1

试题代码：1.1.2。

试题名称：刀工——剞梳子花刀（黄瓜）。

考核时间：10 min。

配分：10 分。

试题 2

试题代码：1.2.1。

试题名称：烹饪。

考核时间：40 min。

配分：30 分。

试题 3

试题代码：2.1.1。

试题名称：西裤熨烫。

考核时间：20 min。

配分：10 分。

试题 4

试题代码：2.2.1。

试题名称：衬衫熨烫。

考核时间：20 min。

配分：10 分。

试题 5

试题代码：3.1.1。

试题名称：家庭常见花木的识别。

考核时间：20 min。

配分：15 分。

试题 6

试题代码：4.2.1。

试题名称：心跳呼吸骤停后初步抢救。

考核时间：8 min。

配分：15 分。

试题 7

试题代码：5.3.1。

试题名称：打电话。

考核时间：5 min。

配分：10 分。

家政服务员（四级）操作技能鉴定

试 题 单

试题代码：1.1.2。

试题名称：刀工——剞梳子花刀（黄瓜）。

考核时间：10 min。

1. 操作条件

（1）考场准备长 600 mm×宽 600 mm×高 800 mm 操作台 1 只。

（2）考场准备直径 350 mm、高 80 mm 木砧墩 1 块，或塑料案板。

（3）考场准备直径 150 mm 的不锈钢盘 1 只。

（4）考生自带刀具及黄瓜 1 根。

（5）考生自备抹布，白工作服或围裙 1 件，白工作帽 1 顶。

2. 操作内容

黄瓜剞梳子花刀。

3. 操作要求

（1）长 150 mm，宽 20 mm 的黄瓜片 2 条，剞梳子花刀。

（2）每刀刀距不能超过 2 mm。

（3）无连刀现象，刀纹距离相等。

（4）动作熟练，按时完成。

家政服务员（四级）操作技能鉴定

试题评分表及答案

考生姓名：　　　　　　　　　准考证号：

试题代码及名称			1.1.2　刀工——剞梳子花刀（黄瓜）		考核时间				10 min	
评价要素		配分	等级	评分细则	评定等级					得分
					A	B	C	D	E	
1	1. 黄瓜长度数量正确 2. 刀距不超过 2 mm 3. 刀纹距离相等 4. 无连刀现象 5. 动作熟练，按时完成	8	A	5 点全符合要求						
			B	第 3 点不符合要求						
			C	第 2、4 点不符合要求						
			D	第 2、3、4 点不符合要求						
			E	差或未答题						
2	1. 工作衣帽穿戴整齐 2. 操作规范，动作熟练 3. 个人卫生情况良好 4. 操作前后主动清理操作台，符合卫生要求	2	A	第 1～4 点符合要求						
			B	第 2、3、4 点符合要求						
			C	第 3、4 点符合要求						
			D	第 1 点符合要求						
			E	差或未答题						
合计配分		10		合计得分						

等级	A（优）	B（良）	C（及格）	D（较差）	E（差或未答题）
比值	1.0	0.8	0.6	0.2	0

"评价要素"得分＝配分×等级比值。

家政服务员（四级）操作技能鉴定

试　题　单

试题代码：1.2.1。

试题名称：烹饪。

考核时间：40 min。

1. 操作条件

（1）考场准备全套家用燃气灶及炒锅、锅盖、铲勺、油缸、漏勺、调料缸。

（2）考场准备 8 寸平圆盒 2 只，10 寸汤碗 1 只。

（3）考场准备油、盐、糖、味精、料酒、米醋、酱油、淀粉。

（4）考生准备所考核菜肴的原料，按考前准备要求加工好。

（5）考生自备特殊调料，抹布，白工作服或围裙 1 件，白工作帽 1 顶。

2. 操作内容

（1）菜心香菇。

（2）芝麻鱼条。

（3）肉丝豆腐羹。

3. 操作要求

（1）主辅料成型正确，数量配备合理、质量符合要求。

（2）香菇涨发后去除根蒂，大小相同。

（3）菜心预先焯水处理。

（4）鱼条腌渍后粘上白芝麻。

（5）菜肴制作过程合理，操作规范，动作熟练。

（6）按一定规格调味，保持风味特色。

（7）出锅及时，装盆熟练，盛器形状和大小符合菜肴的特点。

（8）操作前后灶台卫生符合规范，操作安全。

家政服务员（四级）操作技能鉴定

试题评分表及答案

考生姓名：　　　　　　　　准考证号：

试题代码及名称		1.2.1　烹饪（1. 菜心香菇、2. 芝麻鱼条、3. 肉丝豆腐羹）				考核时间		40 min		
评价要素		配分	等级	评分细则	评定等级					得分
					A	B	C	D	E	
1	1. 色泽鲜艳悦目 2. 形态均匀排列整齐 3. 咸鲜口味相宜 4. 菜心脆嫩，香菇软糯 5. 芡汁均匀适度 6. 装盆美观整洁	10	A	6 点全符合要求						
			B	第 6 点不符合要求						
			C	第 1、6 点不符合要求						
			D	第 1、3、4 点不符合要求						
			E	差或未答题						
2	1. 色泽鹅黄均匀 2. 条形粗细、长短一致 3. 咸鲜香，口味适宜 4. 表面香酥、里鲜嫩 5. 装盆美观整洁	10	A	5 点全符合要求						
			B	第 5 点不符合要求						
			C	第 1、2 点不符合要求						
			D	第 2、3、4 点不符合要求						
			E	差或未答题						
3	1. 色泽淡茶色、澄清 2. 形态完整均匀 3. 咸鲜，口味适中 4. 质感软嫩 5. 装碗汤量合理	8	A	5 点全符合要求						
			B	第 5 点不符合要求						
			C	第 1、5 点不符合要求						
			D	第 2、3、4 点不符合要求						
			E	差或未答题						
4	1. 工作衣帽穿戴整齐 2. 操作规范动作熟练 3. 个人卫生情况良好 4. 操作前后主动清理灶台，符合卫生要求	2	A	第 1~4 点符合要求						
			B	第 2、3、4 点符合要求						
			C	第 3、4 点符合要求						
			D	第 1 点符合要求						
			E	差或未答题						
合计配分		30		合计得分						

等级	A（优）	B（良）	C（及格）	D（较差）	E（差或未答题）
比值	1.0	0.8	0.6	0.2	0

"评价要素"得分＝配分×等级比值。

家政服务员（四级）操作技能鉴定

试 题 单

试题代码：2.1.1。

试题名称：西裤熨烫。

考核时间：20 min。

1. 操作条件

蒸汽电熨斗、烫衣板、冷开水。

2. 操作内容

熨烫西裤。

3. 操作要求

（1）能根据西裤面料选择和设定蒸汽量、温度。

（2）熨烫程序规范，熨烫姿势正确。

（3）男西裤主要部位的熨烫工艺符合质量要求。

（4）注意安全，正确使用和放置电熨斗。

家政服务员（四级）操作技能鉴定

试题评分表及答案

考生姓名： 准考证号：

试题代码及名称			2.1.1 西裤熨烫		考核时间	20 min				
评价要素		配分	等级	评分细则	评定等级					得分
					A	B	C	D	E	
1	正确操作： 1. 根据西裤面料选择和设定蒸汽量和熨烫温度 2. 正确注水，待熨斗温度达到设定要求后进行熨烫 3. 熨烫程序规范，熨烫姿势正确 4. 结束后拔去电源插头，安全放置电熨斗	4	A	4 点正确						
			B	3 点正确						
			C	2 点正确						
			D	1 点正确						
			E	差或未答题						
2	质量要求： 1. 插袋密缝不露里 2. 腰头平服，夹里不露出 3. 腰裯烫至插袋口，两面相等 4. 拼缝分开压煞，门襟平服、挺括 5. 四缝对齐，四筋烫挺 6. 整体挺括、平整无毛型	6	A	6 点正确						
			B	5 点正确						
			C	3 点正确						
			D	1 点正确						
			E	差或未答题						
合计配分		10		合计得分						

等级	A（优）	B（良）	C（及格）	D（较差）	E（差或未答题）
比值	1.0	0.8	0.6	0.2	0

"评价要素"得分＝配分×等级比值。

家政服务员（四级）操作技能鉴定

试 题 单

试题代码：2.2.1。

试题名称：衬衫熨烫。

考核时间：20 min。

1. 操作条件

蒸汽电熨斗、烫衣板、冷开水、衣架、挂衣竿。

2. 操作内容

熨烫衬衫。

3. 操作要求

（1）能根据衬衫面料选择和设定蒸汽和温度。

（2）熨烫程序规范，熨烫姿势正确。

（3）男衬衫主要部位的熨烫工艺符合质量要求。

（4）注意安全，正确使用和放置电熨斗。

家政服务员（四级）操作技能鉴定

试题评分表及答案

考生姓名：　　　　　　　　准考证号：

试题代码及名称			2.2.1　衬衫熨烫		考核时间		20 min			
评价要素		配分	等级	评分细则	评定等级					得分
					A	B	C	D	E	
1	正确操作： 1. 根据衬衫面料选择和设定蒸汽和温度 2. 正确注水，待熨斗温度达到设定要求后进行熨烫 3. 熨烫程序规范，熨烫姿势正确 4. 结束后拔去电源插座，安全放置电熨斗	4	A	4 点正确						
			B	3 点正确						
			C	2 点正确						
			D	1 点正确						
			E	差或未答题						
2	质量要求： 1. 翻领领角不外露 2. 领头平服挺括，后领呈圆形，领角不外翘 3. 两袖平挺，光滑无毛形，袖口烫圆形 4. 前后衣片光滑、平服、无毛型	6	A	4 点正确						
			B	3 点正确						
			C	2 点正确						
			D	1 点正确						
			E	差或未答题						
合计配分		10		合计得分						

等级	A（优）	B（良）	C（及格）	D（较差）	E（差或未答题）
比值	1.0	0.8	0.6	0.2	0

"评价要素"得分＝配分×等级比值。

家政服务员（四级）操作技能鉴定

试 题 单

试题代码：3.1.1。

试题名称：家庭常见花木的识别。

考核时间：20 min。

1. 操作条件

（1）家庭常见各种植物并编号：罗汉松、五针松、杜鹃、茶花、君子兰、文竹、菊花、梅花、海棠、桂花、石榴、巴西木、绿萝、发财树、散尾葵。

（2）试题答卷。

2. 操作内容

对家庭常见植物进行识别，将植物名称分别记入试题答卷中。

3. 操作要求

（1）根据编号将家庭常见植物名称正确填写于答卷中。

（2）按序行进，独立完成。

家政服务员（四级）操作技能鉴定

试题评分表及答案

考生姓名：　　　　　　　准考证号：

试题代码及名称			3.1.1　家庭常见花木的识别		考核时间		20 min			
评价要素		配分	等级	评分细则	评定等级					得分
					A	B	C	D	E	
1	1. 根据编号将家庭常见植物名称正确填写于答卷中 2. 按序进行，独立完成	15	A	全部正确						
			B	错 1～3 种植物名称						
			C	错 4～6 种植物名称						
			D	错 7～9 种植物名称						
			E	差或未答题						
合计配分		15		合计得分						

等级	A（优）	B（良）	C（及格）	D（较差）	E（差或未答题）
比值	1.0	0.8	0.6	0.2	0

"评价要素"得分＝配分×等级比值。

家政服务员（四级）操作技能鉴定

试 题 单

试题代码：4.2.1。

试题名称：心跳呼吸骤停后初步抢救。

考核时间：8 min。

1. 操作条件

（1）自身准备、用物准备、模拟人准备完成时进入考试。

（2）高级半身心肺复苏训练模拟人。

（3）硬板。

2. 操作内容

（1）心跳呼吸停止的判断。

（2）急救前的准备。

（3）正确进行现场心肺复苏。

（4）复苏效果的判断。

（5）复苏的注意事项。

3. 操作要求

（1）以人为本，尊重急救对象。

（2）判断准确果断。

（3）操作规范有序，动作准确。

（4）急救效果良好。

（5）无原则性错误。

家政服务员（四级）操作技能鉴定

试题评分表及答案

考生姓名：　　　　　　　　　准考证号：

试题代码及名称			4.2.1　心跳呼吸骤停后初步抢救		考核时间	8 min			
评价要素		配分	等级	评分细则	评定等级				得分
					A	B	C	D	E
1	心跳呼吸停止的判断（叫、听、看、摸）： 1. 轻拍面颊呼叫病人，判断有无意识 2. 呼救（他人拨打"120"） 3. 摸颈动脉有无搏动 4. 看瞳孔有无扩大 5. 观察有无呼吸（看、听、感觉）	3	A	全部正确					
			B	3点正确					
			C	2点正确					
			D	1点正确者					
			E	差或未答题					
2	急救前的准备： 1. 自身无长指甲、不戴戒指 2. 病人平卧，松衣领和腰带 3. 软床垫的插上硬板（口述） 4. 去除假牙和口鼻内异物，保持气道通畅 5. 压前额、抬下颏、开放气道	4	A	全部正确					
			B	4点正确					
			C	3点正确					
			D	1. 2点正确 2. 开放气道不正确					
			E	差或未答题					
3	初步心肺复苏（口对口人工呼吸）： 1. 吹气方法有效 2. 放松鼻孔，观察是否有效（胸部起伏） 3. 做2次 4. 心前区按压（部位、方向、手法、力度、频率） 5. 做30次	5	A	操作全部正确					
			B	4点正确					
			C	3点正确					
			D	1. 2点正确 2. 按压部位或手法错误 3. 人工呼吸方法错误					
			E	差或未答题					

试题代码及名称			4.2.1 心跳呼吸骤停后初步抢救		考核时间			8 min	
评价要素		配分	等级	评分细则	评定等级				得分
					A	B	C	D	E	

评价要素		配分	等级	评分细则	A	B	C	D	E	得分
4	复苏效果的判断、复苏的注意事项： 1. 观察病人自主呼吸有无恢复 2. 观察神志、面色口唇紫绀是否消退 3. 瞳孔有无变化 4. 触摸颈动脉有无搏动 5. 自己洗手	3	A	全部正确						
			B	4点正确						
			C	3点正确						
			D	2点以下正确						
			E	差或未答题						
合计配分		15		合计得分						

等级	A（优）	B（良）	C（尚可）	D（差）	E（未答题或极差）
比值	1.0	0.8	0.6	0.2	0

"评价要素"得分＝配分×等级比值。

评分细则参考答案：（尽量将细则内容写在上面的表格内，写不下可另写，但要具体可评判）。

现场心肺复苏评分参考要点

评价要素	等级	评价要点	备注
1. 操作前准备	A	心跳呼吸停止的判断（叫、听、看、摸）： 1. 轻拍面颊呼叫病人，判断有无意识 2. 呼救（他人拨打"120"） 3. 摸颈动脉有无搏动 4. 看瞳孔有无扩大 5. 观察有无呼吸（看、听、感觉） 6. 上述内容完全做到，语言流畅、动作熟练、清晰、完美者为A	

续表

评价要素	等级	评价要点	备注
1. 操作前准备	B	1. 能完成上述内容，稍显有断续现象 2. 操作前解释不够准确 3. 有上述情况之一为 B	
	C	动作粗重、操作断断续续，顺序有颠倒，但完成上述内容，无原则性错误者为 C	
	D	1. 留有长指甲、衣冠不整（拖鞋、衣服敞开、衣服污渍等） 2. 动作粗大或错误，漏做 3 项以上操作 3. 只背诵操作流程不做操作 4. 有上述情况之一者为 D	
	E	未答题或极差	
2. 急救前的准备	A	1. 病人平卧，松衣领和腰带 2. 软床垫的插上硬板（口述） 3. 去除假牙和口鼻内异物，保持气道通畅 4. 压前额、抬下颏、开放气道 5. 上述内容完全做到，语言流畅，动作准确熟练、清晰、完美者为 A	
	B	1. 能完成上述内容，动作稍显有断续现象 2. 能完成上述内容，动作不够精准 3. 语言表达不够流利或不完整 4. 有上述情况之一者为 B	
	C	1. 动作粗重、操作断断续续，顺序有颠倒，但完成上述内容，无原则性错误 2. 有错漏，但及时补救最终能达要求（如去假牙和清楚呼吸道异物，） 3. 有上述情况之一者为 C	
	D	1. 动作粗重造成人员受伤 2. 不会打开气道或完全不按操作流程做 3. 只背诵操作流程不做操作 4. 有上述情况之一者为 D	
	E	未答题或极差	

续表

评价要素	等级	评价要点	备注
3. 初步心肺复苏	A	口对口人工呼吸： 1. 吹气方法有效（深吸气、捏鼻孔、对口型均匀吹气） 2. 放松鼻孔，观察是否有效（胸部起伏） 3. 做2次 4. 心前区按压（部位——胸骨中下段、方向——垂直向脊柱、手法——一手掌根紧贴皮肤不分离手臂垂直用上身力量作用掌根下压使胸骨下陷3～5 cm、频率为100次/min） 5. 做30次（计算机记录完全有效28次以上） 6. 上述内容完全做到，语言流畅，动作熟练、清晰、完美者为A	
	B	1. 能完成上述内容，动作稍显有断续现象 2. 能完成上述内容，动作不够精准 3. 心脏按压计算机显示有效25次以上 4. 语言表达不够流利或不完整 5. 有上述情况之一者为B	
	C	1. 动作粗重、操作断断续续，顺序颠倒，但完成上述内容，无原则性错误 2. 心脏按压计算机显示有效25次以上 3. 有上述情况之一者为C	
	D	1. 动作粗重造成或人员受伤（反复测量3次以上，仍不得数值） 2. 心脏按压计算机显示有效24次以下 3. 只背诵操作流程不做操作 4. 有上述情况之一者为D	
	E	未答题或极差	
4. 复苏效果判断注意事项	A	1. 观察病人自主呼吸有无恢复（口述） 2. 观察神志、面色口唇紫绀是否消退（口述） 3. 瞳孔有无变化（口述：缩小、角膜湿润） 4. 触摸颈动脉有无搏动 5. 自己洗手 6. 上述内容完全做到，语言流畅，动作熟练、清晰、完美者为A	
	B	1. 能完成上述内容，动作稍显有断续现象 2. 语言表达不够流利或完整 3. 有上述情况之一为B	

评价要素	等级	评价要点	备注
4. 复苏效果判断注意事项	C	动作粗重、操作断断续续，顺序颠倒，但完成上述内容，无原则性错误者为C	
	D	1. 不洗手 2. 不知观察要点 3. 只背诵操作流程不做操作 4. 有上述情况之一者为D	
	E	未答题或极差	
如有超时，超时部分不得分			

家政服务员（四级）操作技能鉴定

试 题 单

试题代码：5.3.1。

试题名称：打电话。

考核时间：5 min。

1. 操作条件

采用考评员与考生对话的形式进行考评。

2. 操作内容

（1）A：Hello，is Miss Smith in?

B：Miss Smith is not in.

（2）A：Is that Mr Smith?

B：Yes，speaking.

（3）A：Will you leave a message?

B：Yes，of course.

（4）A：When shall I call you up?

B：Please call me up around seven this evening.

（5）A：What's your phone number?

B：My number is 211244.

3. 操作要求

（1）对话的正确性。

（2）对话的流畅性。

家政服务员（四级）操作技能鉴定

试题评分表及答案

考生姓名：　　　　　　　　准考证号：

试题代码及名称				5.3.1　打电话		考核时间		5 min	
评价要素		配分	等级	评分细则	评定等级 A B C D E				得分
1	A：Hello, is Miss Smith in? B：Miss Smith is not in.	2	A	回答正确，流畅					
			B	—					
			C	回答正确，欠流畅					
			D	—					
			E	差或未答题					
2	A：Is that Mr Smith? B：Yes, speaking.	2	A	回答正确，流畅					
			B	—					
			C	回答正确，欠流畅					
			D	—					
			E	差或未答题					
3	A：Will you leave a message? B：Yes, of course.	2	A	回答正确，流畅					
			B	—					
			C	回答正确，欠流畅					
			D	—					
			E	差或未答题					
4	A：When shall I call you? B：Please call me up around seven this evening.	2	A	回答正确，流畅					
			B	—					
			C	回答正确，欠流畅					
			D	—					
			E	差或未答题					

续表

试题代码及名称				5.3.1　打电话		考核时间		5 min		
评价要素		配分	等级	评分细则	评定等级					得分
					A	B	C	D	E	
5	A：What's your phone number? B：My number is 211244.	2	A	回答正确，流畅						
			B	—						
			C	回答正确，欠流畅						
			D	—						
			E	差或未答题						
合计配分		10		合计得分						

等级	A（优）	B（良）	C（及格）	D（较差）	E（差或未答题）
比值	1.0	0.8	0.6	0.2	0

"评价要素"得分＝配分×等级比值。